全国高等农林院校“十三五”规划教材

生物化学实验

倪郁 主编

中国农业出版社
北 京

图书在版编目（CIP）数据

生物化学实验 / 倪郁主编．—北京：中国农业出版社，2019.12
全国高等农林院校“十三五”规划教材
ISBN 978-7-109-26248-5

Ⅰ.①生… Ⅱ.①倪… Ⅲ.①生物化学—化学实验—高等学校—教材 Ⅳ.①Q5-33

中国版本图书馆 CIP 数据核字（2019）第 261352 号

生物化学实验
SHENGWU HUAXUE SHIYAN

中国农业出版社出版
地址：北京市朝阳区麦子店街 18 号楼
邮编：100125
责任编辑：宋美仙　　文字编辑：徐志平
版式设计：杨　婧　　责任校对：刘丽香
印刷：中农印务有限公司
版次：2019 年 12 月第 1 版
印次：2019 年 12 月北京第 1 次印刷
发行：新华书店北京发行所
开本：787mm×1092mm　1/16
印张：10.75
字数：255 千字
定价：28.80 元

编写人员名单

主　编　倪　郁

副主编　朱利泉　晏本菊　刘悦萍

编　者　（按姓氏笔画排序）

朱利泉（西南大学）

刘　灿（北京农学院）

刘悦萍（北京农学院）

李　治（四川农业大学）

李　胜（甘肃农业大学）

李关荣（西南大学）

张长禹（贵州大学）

张贺翠（西南大学）

林　春（云南农业大学）

晏本菊（四川农业大学）

倪　郁（西南大学）

梁艳丽（云南农业大学）

前 言

生物化学实验是学习、掌握生物化学基础理论知识的实践性教学环节。为了适应目前生物化学研究的发展趋势，并顾及传统生物化学的研究需要，本教材对生物化学实验内容进行精选，使难易适度，可操作性强，同时编入综合性、设计性与研究性实验，以提高学生的创新能力和实践能力。

全书内容分为上、中、下三篇。上篇为生物化学实验技术概论，包括生物化学的概念、研究对象、研究内容以及常用的实验研究技术。中篇为生物化学基础性实验，分为5个部分，主要是核酸、蛋白质、酶及维生素、糖类、脂类等相关实验。选取的实验涉及最基本的、最代表学科特点的实验方法和技术，包括了核酸、蛋白质、维生素、糖、脂等定性、定量测定实验49个，着重培养学生的基本实验技能。下篇为综合性、设计性与研究性实验。这些实验由多种实验手段、技术和多层次的实验内容所组成，共9个实验，主要训练学生对所学知识和实验技术的综合运用能力、独自动手能力、对实验结果的综合分析能力，使学生得到科学研究的初步训练。

编写分工为：生物化学实验技术概论、实验一、实验七、实验四十六、实验四十七、实验四十八、实验四十九、实验五十由西南大学倪郁编写；实验二、实验三、实验六、实验八、实验九、实验十、实验五十一由贵州大学张长禹编写；实验四、实验十一、实验二十、实验二十五、实验二十六、实验三十四、实验三十六、实验三十八由西南大学张贺翠编写；实验五、实验三十九、实验四十、实验四十一、实验四十二、实验四十三、实验五十三由云南农业大学林春编写；实验十二、实验十三、实验五十五由西南大学李关荣编写；实验二十一、实验二十八、实验三十二、实验三十三、实验三十七、实验五十七由云南农业大学梁艳丽编写；实验二十三、实验二十七、实验五十四由四川农业大学李治编写；实验二十九、实验三十、实验三十一、实验五十二由甘肃农业大学李胜编写。初稿完成后，编写人员互相审阅修改，由倪郁和朱利泉统稿。

本教材可作为高等院校植物生产类、生物类各专业学生的生物化学实验教材，也可供有关教师和科研人员参考。

由于编者水平有限，书中不足之处在所难免，恳请广大读者批评指正。

编　者

2019年5月

目录

上篇　生物化学实验技术概论

一、生物化学的概念、研究对象、研究内容

生物化学是介于生物和化学之间的一门学科，它是用化学的理论和方法作为主要手段来研究生命现象，从而揭示生命奥秘的科学。生物化学的任务就是研究组成生物体基本物质的性质、结构、功能，以及这些物质在生命活动过程中所进行化学变化规律及其与生理机能的关系，从而阐明生命现象的本质，并把这些知识应用到社会实践和生产实践中去，以达到征服自然和改造自然的目的。

生物化学研究的主要内容包括：

1. 生物体的物质组成、结构与功能　高等生物体主要由蛋白质、核酸、糖类、脂类以及水、无机盐等组成，通过对生物大分子结构的理解，揭示结构与功能之间的关系。

2. 物质代谢与调控　物质代谢的基本过程主要包括三大步骤：消化、吸收→中间代谢→排泄。其中，中间代谢在细胞内进行，是最为复杂的化学变化过程，它包括合成代谢、分解代谢、物质互变、代谢调控、能量代谢。

3. 遗传信息的传递与表达　研究生物体遗传与繁殖的分子机制，也是现代生物化学与分子生物学研究的一个重要内容。

二、生物化学常用的实验研究技术

（一）生物大分子的制备和保存技术

1. 概述　生物大分子主要是指蛋白质、脂类、糖类和核酸，这几类物质是生命活动的物质基础。在自然科学，尤其是生命科学高度发展的今天，蛋白质等生物大分子的结构与功能的研究是探求生命奥秘的中心课题，而研究生物大分子的结构与功能，必须首先解决生物大分子的制备问题，没有能够达到足够纯度的生物大分子的制备工作为前提，结构与功能的研究就无从谈起。

（1）生物大分子制备的主要特点　与化学产品的分离制备相比较，生物大分子的制备有以下主要特点：

① 生物材料的组成极其复杂，常常包含数百种乃至几千种化合物。其中许多化合物至今还是个谜，有待人们的研究与开发。有的生物大分子在分离过程中还在不断地代谢，所以生物大分子的分离纯化方法差别极大，想找到一种适合各种生物大分子分离制备的标准方法是不可能的。

② 许多生物大分子在生物材料中的含量极微，只有万分之一、几十万分之一，甚至几百万分之一。分离纯化的步骤繁多，流程又长，有的目的产物要经过十几步、几十步的操作才能达到所需纯度的要求。例如由脑垂体组织取得某些激素的释放因子，要用几吨甚至几十

吨的生物材料，才能提取出几毫克的样品。

③ 许多生物大分子一旦离开了生物体内的环境就极易失活，因此分离过程中如何防止其失活，就是生物大分子提取制备中最困难之处。过酸、过碱、高温、剧烈搅拌、强辐射及本身的自溶等都会使生物大分子变性而失活，所以分离纯化时一定要选用最适宜的环境和条件。

④ 生物大分子的制备几乎都是在溶液中进行的，温度、pH、离子强度等各种参数对溶液中各种组成的综合影响很难准确估计和判断，因而实验结果有很大的经验成分，实验的重复性较差，个人的实验技术水平和经验对实验结果会有较大的影响。

(2) 生物大分子制备的步骤　由于生物大分子的分离和制备是如此的复杂和困难，因而对于其实验方法和流程的设计就必须尽可能地多查资料，多参照前人所做的工作，探索中的失败是不可避免的。生物大分子的制备通常可按以下步骤进行：

① 确定要制备的生物大分子的目的和要求。是进行科研、开发还是要发现新的物质？

② 建立相应可靠的分析测定方法，这是制备生物大分子的关键，因为它是整个分离纯化过程的“眼睛”。

③ 通过资料调研和预备实验，掌握生物大分子目的产物的物理化学性质。

④ 生物材料的选择与预处理。

⑤ 进行分离纯化方案的选择和探索，这是最困难的过程。

⑥ 生物大分子制备物均一性（即纯度）的鉴定，要求达到一维电泳一条带、二维电泳一个点，或高效液相色谱（HPLC）和毛细管电泳都是一个峰。

⑦ 浓缩产物，进行干燥和保存。

2. 选择材料与预处理　制备生物大分子，首先要选择适当的生物材料。材料的来源无非是动物、植物和微生物及其代谢产物。从工业生产角度来选择材料，应选择含量高、来源丰富、制备工艺简单、成本低的原料，但往往这几方面的要求不能同时具备：含量丰富但来源困难，或含量、来源较理想，但材料的分离纯化方法烦琐，流程很长，反倒不如含量低些但易于获得纯品的材料。由此可见，必须根据具体情况，抓住主要矛盾决定取舍。

选动物材料时要注意其年龄、性别、营养状况、遗传素质和生理状态等。动物材料一般要进行绞碎等处理。选植物材料时应注意植物的品种、季节性、地理位置、生长环境、气候条件等，甚至采摘的时间段都要考虑。选微生物材料时要注意菌种的代数和培养基成分等之间的差异，例如在微生物的对数期，酶和核酸的含量较高，可获得较高的产量。

材料选定后要尽可能保持新鲜，尽快加工处理。动物组织要先除去结缔组织、脂肪等非活性部分，绞碎后在适当的溶剂中提取，如果所要求的成分在细胞内，则要先破碎细胞；植物要先去壳（如有）；微生物材料要及时将菌体与发酵液分开。上述处理后的材料，若不立即进行实验应冷冻保存，对于易分解的生物大分子应选用新鲜材料制备。

3. 细胞的破碎与细胞器的分离

(1) 细胞的破碎　除了某些细胞外的多肽激素和某些蛋白质与酶以外，对于细胞内或多细胞生物组织中的各种生物大分子的分离纯化，都需要事先将细胞和组织破碎，使生物大分子充分释放到溶液中，并不失去生物活性。不同的生物体或同一生物体不同部位的组织，其细胞破碎的难度不一，使用的方法也不相同，如动物脏器的细胞膜较脆弱，容易破碎，植物和微生物由于具有较坚固的纤维素、半纤维素组成的细胞壁，要采取专门的细胞破碎方法。

细胞的破碎包括以下几种方法：

① 机械法。

A. 研磨。将剪碎的动物组织置于研钵或匀浆器中，加入少量石英砂研磨成匀浆，即可将动物细胞破碎，这种方法比较温和，适宜实验室使用。工业生产中可用电磨研磨。细菌和植物组织细胞的破碎也可用此法。此法适合处理较少量的细胞破碎。

B. 组织捣碎器。这是一种较剧烈的破碎细胞的方法，通常可先用家用食品加工机将组织打碎，然后再用内刀式组织捣碎机（即高速分散器）从 10 000～20 000 r/min 的转速将组织的细胞打碎，为了防止发热和升温过高，通常是转 10～20 s，停 10～20 s，可反复多次。此法适合处理动物内脏组织和植物肉质种子等。

② 物理法。

A. 反复冻融法。将待破碎的细胞冷至－20～－15 ℃，然后放于室温（或 40 ℃）迅速融化，如此反复冻融多次，此时由于细胞内形成冰粒，使剩余胞液的盐浓度增高而引起细胞溶胀破碎。此法常用于细菌和一些植物材料的破壁。

B. 超声波处理法。此法是借助超声波的振动力破碎细胞壁和细胞器，多用于处理微生物材料，如用大肠杆菌制备各种酶。破碎微生物细菌和酵母菌时，时间要长一些，处理的效果与样品浓度和使用频率有关。使用时注意降温，防止过热。对于超声波敏感的酶和核酸要慎用此法。

C. 压榨法。这是一种温和的、彻底破碎细胞的方法。在 $1\,000\times10^5$～$2\,000\times10^5$ Pa 的高压下使几十毫升的细胞悬液通过一个小孔突然释放至常压，细胞将彻底破碎。这是一种较理想的破碎细胞的方法，但仪器费用较高。

D. 冷热交替法。从细菌或病毒中提取蛋白质和核酸时可用此法。在 90 ℃左右维持数分钟，立即放入冰浴中使之冷却，如此反复多次，绝大部分细胞可以被破碎。

③ 化学与生物化学方法。

A. 自溶法。将新鲜的生物材料存放于一定的 pH 和适当的温度下，细胞结构在自身所具有的各种水解酶（如蛋白酶和酯酶等）的作用下发生溶解，使细胞内含物释放出来的方法称为自溶法。使用时要特别小心操作，因为水解酶不仅可以破坏细胞壁和细胞膜，同时也可能会把某些要提取的有效成分分解了。

B. 溶胀法。细胞膜为天然的半透膜，在低渗溶液和低浓度的稀盐溶液中，由于存在渗透压差，溶剂分子大量进入细胞，将细胞膜胀破释放出细胞内含物。

C. 酶解法。利用各种水解酶，如溶菌酶、纤维素酶、蜗牛酶和酯酶等，于 37 ℃、pH 为 8 的条件下处理 15 min，可以专一性地将细胞壁分解，释放出细胞内含物。此法适用于处理多种微生物。例如从某些细菌细胞提取质粒 DNA 时，可采用溶菌酶（来自蛋清）破细胞壁；而在破酵母细胞时，常采用蜗牛酶（来自蜗牛），将酵母细胞悬浮于 0.1 mmol/L 柠檬酸-磷酸氢二钠缓冲液（pH＝5.4）中，加 1％蜗牛酶，在 30 ℃处理 30 min，即可使大部分细胞壁破裂，若同时加入 0.2％的巯基乙醇，效果会更好。此法可以与研磨法联合使用。

D. 有机溶剂处理法。利用氯仿、甲苯、丙酮等脂溶性溶剂或十二烷基硫酸钠（SDS）等表面活性剂处理细胞，可将细胞膜溶解，从而使细胞破裂。此法也可以与研磨法联合使用。

（2）细胞器的分离　各类生物大分子在细胞内的分布不同，如 DNA 几乎全在细胞核内，RNA 主要在细胞质中；各种酶在细胞中也有特定的位置。因此要根据目的物质的存在位置选取提取材料。

细胞器的分离一般采用差速离心法。利用细胞各组分质量不同，各组分沉降于离心管的不同区域，分离后得到所需组分。此法常用于分离细胞器的介质有蔗糖、氯化铯、葡萄糖、聚乙二醇等。

4. 提取与纯化

（1）生物大分子的提取　提取是在分离纯化之前将经过预处理或破碎的细胞置于溶剂中，使被分离的生物大分子充分地释放到溶剂中，并尽可能保持原来的天然状态不丢失生物活性的过程。这一过程是将目的产物与细胞中其他化合物和生物大分子分离，即由固相转入液相，或从细胞内的生理状态转入外界特定的溶液中。

影响提取的因素主要有目的产物在提取溶剂中溶解度的大小、由固相扩散到液相的难易程度、溶剂的 pH 和提取时间等。一种物质在某一溶剂中溶解度的大小与该物质的分子结构及使用溶剂的理化性质有关。一般来说，极性物质易溶于极性溶剂，非极性物质易溶于非极性溶剂（相似相溶原理）；碱性物质易溶于酸性溶剂，酸性物质易溶于碱性溶剂；温度升高，溶解度加大，远离等电点，溶解度增加。提取时所选择的条件应有利于目的产物溶解度的增加和保持其生物活性。减小溶剂黏度、搅拌和延长提取时间可提高扩散速度，提高提取效率。提取采用“少量多次”的效果较好。常用的提取溶剂主要为水和有机溶剂。

① 水。蛋白质和酶的提取一般以水溶液为主。稀盐溶液和缓冲液对蛋白质的稳定性好，溶解度大，是提取蛋白质和酶最常用的溶剂。用水溶液提取生物大分子应注意以下几个主要影响因素：

A. 盐浓度（即离子强度）。离子强度对生物大分子的溶解度有极大的影响，有些物质，如 DNA－蛋白复合物，在高离子强度下溶解度增加，而另一些物质，如 RNA－蛋白复合物，在低离子强度下溶解度增加，在高离子强度下溶解度减小。绝大多数蛋白质和酶，在低离子强度的溶液中都有较大的溶解度。若在纯水中加入少量中性盐，蛋白质的溶解度比在纯水中的大大增加，此现象称为盐溶现象。但中性盐的浓度增加至一定时，蛋白质的溶解度又逐渐下降，直至沉淀析出，此现象称为盐析现象。盐溶现象的产生主要是少量离子的活动，减少了偶极分子之间极性基团的静电吸引力，增加了溶质和溶剂分子间相互作用力的结果。因此，低盐溶液常用于大多数生化物质的提取。通常使用 0.02～0.05 mol/L 缓冲液或 0.09～0.15 mol/L NaCl 溶液提取蛋白质和酶。不同的蛋白质，其极性大小不同，为了提高提取效率，有时需要降低或提高溶剂的极性。向水溶液中加入蔗糖或甘油可使其极性降低，增加离子强度［如加入 KCl、NaCl、NH_4Cl 或 $(NH_4)_2SO_4$］，可以增加溶液的极性。

B. pH。蛋白质、核酸的溶解度和稳定性与 pH 有关。过酸、过碱均应尽量避免，一般控制 pH 在 6～8 的范围内，提取溶剂的 pH 应在生物大分子的稳定范围内。例如胰蛋白酶为碱性蛋白质，常用稀酸提取，而肌肉 3－磷酸甘油醛脱氢酶属酸性蛋白质，则常用稀碱来提取。

C. 温度。为防止变性和降解，制备具有活性的生物大分子，提取时一般在 0～5 ℃的低温操作。但少数对温度耐受力强的蛋白质，可提高温度使杂蛋白变性，这样有利于提取和下一步的纯化。

D. 防止蛋白酶或核酸酶的降解作用。在提取蛋白质和核酸时，常常受自身存在的蛋白酶或核酸酶的降解作用而导致实验的失败。为防止这一现象的发生，常常采用加入抑制剂或调节提取液的 pH、离子强度、极性等方法使这些酶失去活性，防止它们对欲提纯的蛋白质及核酸起降解作用。例如在提取 DNA 时加入 EDTA（乙二胺四乙酸）络合 DNase 活化所必需的 Mg^{2+}。

E. 搅拌与氧化。搅拌能促使被提取物溶解，一般采用温和搅拌，搅拌速度太快容易产生大量泡沫，增大了提取液与空气的接触面，会引起酶等物质的变性失活。因为一般蛋白质都含有相当数量的巯基，有些巯基常常是活性部位的必需基团，提取液中有氧化剂或与空气中的氧气接触过多都会使巯基氧化为分子内或分子间的二硫键，导致酶活性的丧失。在提取液中加入少量巯基乙醇或半胱氨酸以防止巯基氧化。

② 有机溶剂。一些和脂类结合比较牢固或分子中非极性侧链较多的蛋白质难溶于水、稀盐、稀酸或稀碱中，常用不同比例的有机溶剂提取。常用的有机溶剂有乙醇、丙酮、异丙醇、正丁酮等，这些溶剂可以与水互溶或部分互溶，同时具有亲水性和亲脂性。其中正丁醇在 0 ℃时在水中的溶解度为 10.5%，40 ℃时为 6.6%，同时正丁醇又具有较强的亲脂性，因此常用来提取与脂结合较牢或含非极性侧链较多的蛋白质和脂类。植物种子中的玉蜀黍蛋白、麸蛋白，常用 70%～80%的乙醇提取，动物组织中一些线粒体及微粒上的酶常用丁醇提取。

有些蛋白质既能溶于稀酸、稀碱，又能溶于含有一定比例的有机溶剂的水溶液中，在这种情况下，采用稀的有机溶液提取常常可以防止水解酶的破坏，并兼有除去杂质、提高纯化效率的作用。例如，胰岛素可溶于稀酸、稀碱和稀醇溶液，但在组织中与其共存的糜蛋白酶对胰岛素有极高的水解活性，因而采用浓度为 6.8%并用草酸调 pH 为 2.5～3.0 的乙醇溶液进行提取，这样的提取溶剂对胰岛素的溶解和稳定性都没有影响，但可除去一部分在稀醇与稀酸中不溶解的杂蛋白。

(2) 生物大分子的分离纯化　由于生物体的组成成分复杂，数千种乃至上万种生物分子又处于同一体系中，因此不可能有一个适合于各类分子的固定的分离程序，但多数分离工作关键部分的基本手段是相同的。常用的分离纯化方法主要包括根据蛋白质溶解度不同的分离方法，根据蛋白质分子大小差别的分离方法，根据蛋白质带电性质不同的分离方法，根据蛋白质配体特异性差异的分离方法等。

① 根据蛋白质溶解度不同的分离方法包括以下几种：

A. 蛋白质盐析法。中性盐对蛋白质的溶解度有显著的影响。一般在低盐浓度下随盐浓度的升高，蛋白质溶解度增加。随着盐浓度继续增大，蛋白质的溶解度不同程度地下降，蛋白质先后析出，这种方法称为盐析法。除了蛋白质以外，多肽、多糖和核酸等都可以用盐析法进行沉淀分离：20%～40%饱和度的硫酸铵可以使许多病毒沉淀；43%饱和度的硫酸铵可以使 DNA 和 rRNA 沉淀，而 tRNA 保留在上清液中。盐析法应用最广的还是在蛋白质领域，已有 80 多年的历史，其突出的优点是成本低，不需要特别昂贵的设备，操作简单、安全，对许多生物活性物质具有稳定作用。

中性盐在沉淀蛋白质时，高浓度的盐离子有很强的水化作用，可夺取蛋白质的水化层，使之“失水”，于是蛋白质胶粒凝结并沉淀析出。进行盐析时，如果溶液的 pH 在蛋白质的等电点则效果更佳。蛋白质分子的大小不同、亲水程度不同，故盐析所需的盐浓度也不同。因此，可通过调节蛋白质溶液的中性盐浓度，使之分段沉淀。

蛋白质盐析常用的中性盐有硫酸铵、硫酸镁、硫酸钠、氯化钠、磷酸钠等。盐析沉淀后的蛋白质要除去其中的盐，常用透析（时间长，要低温）和葡聚糖凝胶层析柱（时间短）来处理。

B. 等电点沉淀法。等电点沉淀法是利用具有不同等电点的两性电解质，在达到电中性时溶解度最低，易发生沉淀，从而实现分离的方法。氨基酸、蛋白质和核酸都是两性电解质，可以利用此法进行初步的沉淀分离。但是，由于许多蛋白质的等电点十分接近，而且带有水膜的蛋白质等生物大分子仍有一定的溶解度，不能完全沉淀析出，因此，单独使用此法分辨率较低，效果不理想，所以此法常与盐析法、有机溶剂沉淀法或其他沉淀剂一起配合使用，以提高沉淀能力和分离效果。此法在分离纯化过程中主要用于去除杂蛋白，而不用于沉淀目的物。

C. 有机溶剂沉淀法。有机溶剂对于许多蛋白质、核酸、多糖和小分子物质都能发生沉淀作用，是较早使用的沉淀方法之一。其沉淀作用的原理主要是降低水溶液的介电常数。溶剂的极性与其介电常数密切相关，极性越大，介电常数越大，如 20 ℃时水的介电常数为 80，而乙醇和丙酮的介电常数分别是 24 和 21.4，因而向水溶液中加入有机溶剂能降低溶液的介电常数，减小溶剂的极性，从而削弱了溶剂分子与蛋白质分子间的相互作用力，增加了蛋白质分子间的相互作用，导致蛋白质溶解度降低而沉淀。溶液介电常数的减小就意味着溶质分子异性电荷静电力的增加，使带电溶质分子更易互相吸引而凝集，从而发生沉淀。另外，由于使用的有机溶剂与水互溶，它们在溶解于水的同时从蛋白质分子周围的水化层中夺走了水分子，破坏了蛋白质分子的水膜，因而发生沉淀作用。

有机溶剂沉淀法的优点是分辨能力比盐析法高，即一种蛋白质或其他溶质只在一个比较窄的有机溶剂浓度范围内沉淀；沉淀不用脱盐，过滤比较容易（如有必要，可用透析袋脱除有机溶剂），因而在沉淀生物大分子中应用广泛。其缺点是对某些具有生物活性的大分子容易引起变性失活，操作必须在低温下进行。

有机溶剂沉淀法经常用于蛋白质、多糖和核酸等生物大分子的沉淀分离，使用时先要选择合适的有机溶剂，然后注意调整样品的浓度、温度、pH 和离子强度，使之达到最佳的分离效果。用于生物大分子制备的有机溶剂，首先是能与水互溶。沉淀蛋白质常用的沉淀剂是乙醇、甲醇和丙酮。沉淀核酸、糖、氨基酸和核苷酸最常用的沉淀剂是乙醇。沉淀所得的固体样品，如果不是立即溶解进行下一步的分离，则应尽可能抽干沉淀，减少其中有机溶剂的含量，如若必要可以装透析袋透析除去有机溶剂，以免影响样品的生物活性。

D. 选择性变性沉淀法。利用蛋白质、核酸等生物大分子与非目的生物大分子在物理、化学性质等方面的差异，选择一定的条件使杂蛋白等非目的物变性沉淀而得到分离提纯的方法，称为选择性变性沉淀法。常用的有热变性沉淀、表面活性剂变性沉淀、有机溶剂变性沉淀和选择性酸碱变性沉淀等。

热变性沉淀利用生物大分子对热的稳定性不同，加热升高温度使某些非目的生物大分子变性沉淀而使目的物保留在溶液中。此方法最为简便，不需消耗任何试剂，但分离效率较低，通常用于生物大分子的初期分离纯化。

表面活性剂变性沉淀和有机溶剂变性沉淀都是利用不同蛋白质等对表面活性剂和有机溶剂的敏感性不同，在分离纯化过程中使用它们可以使那些敏感性强的杂蛋白变性沉淀，而目的物仍留在溶液中。使用此类方法时通常都在冰浴或冷室中进行，以保护目的物的生物活性。

选择性酸碱变性沉淀利用蛋白质等对溶液中 pH 的稳定性不同而使杂蛋白变性沉淀，通常是在分离纯化过程中附带进行的一个分离纯化步骤。

E. 有机聚合物沉淀法。有机聚合物是 20 世纪 60 年代发展起来的一类重要的沉淀剂，最早应用于提纯免疫球蛋白和沉淀一些细菌和病毒。近年来此法广泛用于核酸和酶的纯化。其中应用最多的是聚乙二醇（PEG），它的亲水性强，溶于水和许多有机溶剂，对热稳定，有广泛的分子质量范围，在生物大分子制备中，用得较多的是相对分子质量为 6 000～20 000的 PEG。

本方法的优点：操作条件温和，不易引起生物大分子变性；沉淀效能高，使用少量的 PEG 即可以沉淀相当多的生物大分子；沉淀后有机聚合物容易去除。

② 根据蛋白质分子大小差别的分离方法包括以下几种：

A. 透析与超滤。透析是利用半透膜将大小不同的蛋白质分子分开的方法。在生物大分子的制备过程中，除盐、除少量有机溶剂、除去生物小分子杂质和浓缩样品等都要用到透析技术。通常是将半透膜制成袋状，将生物大分子样品溶液置入袋内，将此透析袋浸入水或缓冲液中，样品溶液中的大分子质量的生物大分子被截留在袋内，而盐和小分子物质不断扩散透析到袋外，直到袋内外两边的浓度达到平衡为止。保留在透析袋内未透析出的样品溶液称为保留液，袋外的溶液称为渗出液或透析液。

透析的动力是扩散压，扩散压是由横跨膜两边的浓度梯度形成的。透析的速度与膜的厚度成反比，与欲透析的小分子溶质在膜内外两边的浓度梯度成正比，还与膜的面积和温度成正比。通常是在 4 ℃透析，在一定范围内升高温度可加快透析速度。

超滤是一种加压膜分离技术，即利用高压力或离心力，使小分子溶质和溶剂穿过一定孔径的特制的薄膜，使大分子溶质不能透过，留在膜的一边，从而使大分子物质得到了部分的纯化。超滤技术的关键是滤膜，选择不同孔径的滤膜截留不同相对分子质量的蛋白质。

超滤的优点是操作简便，成本低廉，不需增加任何化学试剂，尤其是超滤技术的实验条件温和，与蒸发、冰冻干燥相比没有相的变化，而且不引起温度、pH 的变化，因而可以防止生物大分子的变性、失活和自溶。在生物大分子的制备技术中，超滤主要用于生物大分子的脱盐、脱水和浓缩等。但超滤也有一定的局限性，它不能直接得到干粉制剂。对于蛋白质溶液，一般只能得到 10%～50%的浓度。

B. 凝胶层析过滤法（分子排阻层析法或分子筛层析）。此法是根据分子大小分离蛋白质混合物的有效方法之一。凝胶层析的固定相是惰性的珠状凝胶颗粒，凝胶颗粒的内部具有立体网状结构，形成很多孔穴。当含有不同分子大小组分的样品进入凝胶层析柱后，各个组分就向固定相的孔穴内扩散，组分的扩散程度取决于孔穴的大小和组分分子的大小。比孔穴孔径大的分子不能扩散到孔穴内部，完全被排阻在孔外，只能在凝胶颗粒外的空间随流动相向下流动，它们经历的流程短，流动速度快，所以首先流出；小分子则可以渗透进入凝胶颗粒内部，经历的流程长，流动速度慢，所以后流出；大小介于二者之间的分子在流动中部分渗透，渗透的程度取决于分子的大小，所以其流出的时间介于二者之间，分子越大的组分越先流出，分子越小的组分越后流出。这样样品经过凝胶层析后，各个组分便按分子质量从大到小的顺序依次流出，从而达到分离的目的。层析柱的主要填充材料是葡聚糖凝胶和琼脂糖凝胶。

凝胶层析过滤法是生物化学中一种常用的分离手段，它具有设备简单、操作方便、样品回收率高、实验重复性好，特别是不改变样品生物学活性等优点，因此广泛用于蛋白质、核酸、多糖等生物大分子的分离纯化，同时还应用于蛋白质分子质量的测定、脱盐、样品浓缩等。

③ 根据蛋白质带电性质不同的分离方法包括以下几种：

A. 电泳法。各种蛋白质在同一 pH 条件下，因相对分子质量和电荷数量不同而在电场中的迁移率不同得以分开。

在电泳法中，等电聚焦电泳法比较重要。它主要是利用一种两性电解质作为载体，电泳时两性电解质形成一个从正极向负极逐渐增加的 pH 梯度，当带一定电荷的蛋白质在其中泳动时，到达各自等电点位置就停止。等电聚焦电泳法可用于分析和制备各种蛋白质。

B. 离子交换层析法。离子交换层析（ion exchange chromatography，IEC）法是以离子交换剂为固定相，依据流动相中的组分离子与交换剂上的平衡离子进行可逆交换时的结合力大小的差别而进行分离的一种层析方法。离子交换剂可以分为 3 个部分：电荷基团、高分子聚合物基质和平衡离子。电荷基团与高分子聚合物共价结合，形成一个带电的可进行离子交换的基团。平衡离子是结合于电荷基团上的相反离子，它能与溶液中其他的离子基团发生可逆的交换反应。平衡离子带正电的离子交换剂能与带正电的离子基团发生交换作用，称为阳离子交换剂；平衡离子带负电的离子交换剂能与带负电的离子基团发生交换作用，称为阴离子交换剂。在一定条件下，溶液中的某种离子基团可以把平衡离子置换出来，并通过电荷基团结合到固定相上，平衡离子则进入流动相，这就是离子交换层析法的基本置换反应。通过在不同条件下的多次置换反应，就可以对溶液中不同的离子基团进行分离。目前离子交换层析法仍是生物化学领域中常用的一种层析方法，广泛应用于各种生物分子（如氨基酸、蛋白、糖类、核苷酸等）的分离纯化。

各种离子与离子交换剂上的电荷基团的结合是由静电力产生的，结合过程是一个可逆的过程。结合的强度与很多因素有关，包括离子交换剂的性质、离子本身的性质、离子强度、pH、温度、溶剂组成等。离子交换层析就是利用各种离子本身与离子交换剂结合力的差异，并通过改变离子强度、pH 等条件改变各种离子与离子交换剂的结合力而达到分离的目的。离子交换剂的电荷基团对不同的离子有不同的结合力。一般来讲，离子价数越高，结合力越大；价数相同时，原子序数越高，结合力越大。例如阳离子交换剂对离子的结合力大小顺序为：$Li^+ < Na^+ < K^+ < Rb^+ < Cs^+$，$Na^+ < Ca^{2+} < Al^{3+} < Ti^{4+}$。蛋白质等生物大分子通常呈两性，它们与离子交换剂的结合与它们的性质及 pH 有较大关系。以用阳离子交换剂分离蛋白质为例，在一定的 pH 条件下，等电点 $pI < pH$ 的蛋白带负电，不能与阳离子交换剂结合；$pI > pH$ 的蛋白带正电，能与阳离子交换剂结合，一般 pI 越大的蛋白与离子交换剂的结合力越强。由于生物样品的复杂性以及其他因素影响，一般生物大分子与离子交换剂的结合情况较难估计，往往要通过实验进行摸索。

离子交换剂的大分子聚合物基质可以由多种材料制成，聚苯乙烯离子交换剂（又称为聚苯乙烯树脂）是以苯乙烯和二乙烯苯合成的具有多孔网状结构的聚苯乙烯为基质。聚苯乙烯离子交换剂机械强度大、流速快，但它与水的亲和力较小，具有较强的疏水性，容易引起蛋白的变性，因此一般常用于分离小分子物质，如无机离子、氨基酸、核苷酸等。以纤维素（cellulose）、球状纤维素（sephacel）、葡聚糖、琼脂糖（sepharose）为基质的离子交换剂与水有较强的亲和力，适合于分离蛋白质等大分子物质，葡聚糖离子交换剂一般以 Sephadex G－25 和 Sephadex G－50 为基质，琼脂糖离子交换剂一般以 Sepharose CL－6B 为基质。关于这些离子交换剂的性质可以参阅相应的产品介绍。

④ 根据蛋白质配体特异性的分离方法——亲和层析法。亲和层析（affinity chromatography）法是利用生物分子间专一的亲和力而进行分离的一种层析技术。生物分子间存在很多特异性的相互作用，如抗原-抗体、酶-底物、酶-抑制剂、激素-受体等，它们之间都能够专一而可逆地结合，这种结合力就称为亲和力。亲和层析的分离原理简单地说就是将具有亲和力的两个分子中的一个分子固定在不溶性基质上，利用分子间亲和力的特异性和可逆性，对另一个分子进行分离纯化。被固定在基质上的分子称为配体，配体和基质是共价结合的，构成亲和层析的固定相，称为亲和吸附剂。亲和层析时首先选择与待分离的生物大分子有亲和力的物质作为配体，例如分离酶可以选择其底物类似物或竞争性抑制剂为配体，分离抗体可以选择抗原作为配体等。将配体共价结合在适当的不溶性基质上，如常用的 Sepharose - 4B 等装柱平衡，当样品溶液通过亲和层析柱的时候，待分离的生物分子就与配体发生特异性的结合，从而留在固定相上，而其他杂质不能与配体结合，仍在流动相中，并随洗脱液流出，这样层析柱中就只有待分离的生物分子，将其从配体上洗脱下来，就得到了纯化的待分离物质。

亲和层析是分离纯化蛋白质等生物大分子最为特异而有效的层析技术，分离过程简单、快速，具有很高的分辨率，在生物分离中有广泛的应用。同时它也可以用于某些生物大分子结构和功能的研究。

蛋白质在组织和细胞中是以复杂的混合形式存在的。每种类型的细胞都含有上千种不同的蛋白质，因此蛋白质的分离、提纯和鉴定是生物化学中的重要部分。至今还没有一种单独或一套现成的方法可把任何一种蛋白质从复杂的混合蛋白质中提取出来，往往需要几种方法联合使用。

5. 浓缩、干燥及保存

（1）浓缩　生物大分子溶液在制备过程中由于过柱纯化时浓度变的很低，为了保存和鉴定的目的，需要进行浓缩。

① 减压加温蒸发浓缩。通过降低液面压力使液体沸点降低。减压的真空度越高，液体的沸点越低，蒸发越快。此法适合不耐热的生物大分子浓缩。

② 空气流动蒸发浓缩。空气流动可使液体加速蒸发。将铺成薄膜的液体表面不断通过空气流，或将样品溶液装入透析袋，置于冷室，用电扇对准吹风，使透析膜外溶剂不断蒸发达到浓缩目的。此法浓缩速度慢，不适于处理大量溶液。

③ 吸收法浓缩。通过吸收剂直接吸收溶剂分子使之浓缩。此法要求吸收剂与溶剂不起化学反应，对生物大分子不吸附，并且吸收剂与溶液易分开。常用的吸收剂有聚乙二醇、聚乙烯吡咯烷酮、蔗糖和凝胶等。

④ 超滤法浓缩。使用一种特别的薄膜对溶液中各种溶质分子进行选择性的过滤，当溶液在一定压力下（氮气加压或真空负压）通过膜，溶剂和小分子透过而大分子受阻保留。此法是近年发展的新方法，应用较广，适宜于蛋白质溶液的浓缩、脱盐，具有成本低、操作方便、条件温和、较好地保持生物大分子活性及回收率高等优点。

（2）干燥

① 真空干燥。真空干燥适用于不耐高温、易于氧化物质的干燥和保存。真空干燥装置包括干燥器、冷凝器和真空泵。干燥剂常用 P_2O_5、$CaCl_2$（无水）、变色硅胶等。

② 冷冻干燥。此法是在低温、低压条件下使冰升华变成气体而除去，产品具有疏松、溶解度好和保持天然结构等优点。

(3) 保存 生物大分子的稳定性与保存方法有很大关系。干燥制品一般比较稳定。在低温情况下，其活性可在数月甚至数年无明显变化。贮藏要求简单，只将样品于干燥器内（加干燥剂）密封，保存在 0～4 ℃冰箱中即可。

液氮贮藏可免除繁杂的干燥过程，且生物大分子的活性和结构不易被破坏。

液氮贮藏时应注意以下几点：

① 样品必须浓缩到一定浓度才能封装贮藏，样品浓度过低易使生物大分子变性。

② 通常需加入防腐剂和稳定剂，常用的防腐剂有甲苯、苯甲酸、氯仿、百里酚等。蛋白质常用的稳定剂有硫酸铵、蔗糖、甘油等，酶也可通过加入底物和辅酶以提高其稳定性。此外，钙盐、锌盐、硼酸等溶液对某些酶也有一定的保护作用。核酸大分子一般保存在氯化钠或柠檬酸钠的标准缓冲液中。

③ 贮藏温度要求低，大多数生物大分子在 0 ℃左右冰箱保存，应视不同物质而定。

（二）分光光度技术

1. 分光光度技术的原理 有色溶液对光线有选择性的吸收作用，不同物质由于其分子结构不同，对不同波长光线的吸收能力也不同。因此，每种物质都具有其特异的吸收光谱。有些无色溶液，虽对可见光无吸收作用，但所含物质可以吸收特定波长的紫外线或红外线。分光光度技术主要是指利用物质特有的吸收光谱来鉴定物质性质及含量的技术。使用的仪器称为分光光度计，其灵敏度高，测定速度快，应用范围广，其中的紫外/可见分光光度计更是生物化学研究工作中必不可少的基本仪器之一。

分光光度技术测定溶液中光吸收物质浓度的主要理论依据是 Lambert－Beer 定律。

Lambert－Beer 定律：

$$\lg \frac{I}{I_0} = -kcl$$

式中：I——透射光强度；

I_0——入射光强度；

c——溶液浓度，mol/L；

l——吸光物质厚度，cm；

k——消光系数，表示物质对光线吸收的能力，其值因物质种类和光线波长而异。

如果将通过溶液后的光线强度（I）和入射光强度（I_0）的比值称为透光度（T），将 $-\lg \frac{I}{I_0}$ 用吸光度（A）表示该溶液对光线吸收的情况，则它们之间的关系如下：

$$A = -\lg \frac{I}{I_0} = -\lg T = kcl$$

从式中可知，对于相同物质和相同波长的单色光（消光系数不变）来说，溶液的吸光度和溶液的浓度成正比。如果已知标准溶液的浓度和吸光度，则可根据待测溶液的吸光度，便可求得待测溶液的浓度。实际工作中为简便起见，常常事先测定一系列不同浓度的标准管的吸光度，然后以吸光度对标准浓度作图，得到标准曲线，测得待测物质的吸光度后，便可从标准曲线上查到相应的浓度数值。

2. 分光光度计的组成　不论是何种型号，分光光度计基本上都由5个部分组成：光源、单色器（包括产生平行光和把光引向检测器的光学系统）、样品室、接收检测放大系统、显示器或记录器。

3. 分光光度技术的基本应用

（1）测定溶液中物质的含量　分光光度技术可用于测定溶液中物质的含量。由于所用比色杯的厚度是一样的，可以先测出不同浓度的标准液的吸光度，绘制标准曲线，在选定的浓度范围内标准曲线应该是一条直线，然后测定出未知液的吸光度，即可从标准曲线上查到其相对应的浓度。含量测定时所用波长通常要选择被测物质的最大吸收波长，这样做有两个好处：一是灵敏度大，物质在含量上的稍许变化将引起较大的吸光度差异；二是可以避免其他物质的干扰。

（2）用紫外吸收光谱鉴定化合物　使用分光光度计可以绘制吸收光谱曲线，方法是用各种波长不同的单色光分别通过某一浓度的溶液，测定此溶液对每一种单色光的吸光度，然后以波长为横坐标，以吸光度为纵坐标绘制吸光度-波长曲线，此曲线即为吸收光谱曲线。各种物质有其自己一定的吸收光谱曲线，因此用吸收光谱曲线图可以进行物质种类的鉴定。当一种未知物质的吸收光谱曲线和某一已知物质的吸收光谱曲线一样时，很可能它们是同一物质。一定物质在不同浓度时，其吸收光谱曲线中，峰值的大小不同，但形状相似，即吸收高峰和低峰的波长是不变的。紫外线吸收是由不饱和的结构造成的，含有双键的化合物表现出吸收峰。紫外吸收光谱比较简单，同一种物质的紫外吸收光谱应完全一致，但具有相同吸收光谱的化合物其结构不一定相同。除了特殊情况外，依靠紫外吸收光谱决定一个未知物结构，必须与其他方法配合。紫外吸收光谱分析主要用于已知物质的定量分析和纯度分析。

（三）色谱技术

色谱又称层析，在操作中存在两相，一相是固定不动的，称为固定相；另一相是流动的，称为流动相或移动相。色谱技术是利用待分离的各种物质在两相中的分配系数、吸附能力的不同来进行分离的。分配系数大或吸附能力强的组分停留在固定相中的时间长，从色谱柱中流出的时间晚，分配系数小或吸附能力弱的组分停留在固定相中的时间短，先从柱中流出，从而使混合物中各个组分得以分离。为此，分配系数或吸附能力的差异是色谱技术分离的前提。在所确定的色谱体系中，组分之间如果没有分配系数或吸附能力的差异，这些组分就彼此不能分离。各组分的分配系数或吸附能力的差异越大，越容易分离，反之就难分离。

色谱技术的类型繁多，从流动相的状态分，可分为气相色谱和液相色谱两大类。气相色谱多以小分子质量的惰性气体（如氮、氦、氩）作为流动相，固定相是液体或固体。不管是液体作为固定相，还是固体作为固定相，都是以担载在多孔固体物质表面的形式存在。被分析样品在色谱柱中的迁移过程是气态或蒸气态。气相色谱适合分析气体或低沸点化合物。采用适当的进样技术和程序升温技术，能分析较高沸点的化合物，配合裂解技术也可分析高聚物。性能好的色谱仪柱箱温度可达到450 ℃，只要在这个温度范围内，蒸气压不小于26.656 Pa，热稳定性好的化合物大多都可以用气相色谱分析。从分离机理看，气相色谱又可以分为气-固吸附型和气-液分配型两类。液相色谱的流动相是液体。不同的分离机理，可选用不同的液体作为流动相，如不同极性的有机溶剂、不同极性溶剂与水的混合溶液、不同pH的缓冲溶液等。固定相有多孔吸附型固体、液体担载在固体基质或化学键合在固体基质微粒上、离子交换剂等。液相色谱可分析各种有机化合物、离子型无机化合物及热不稳定且具有生物活性的生物大分子。

(四) 电泳技术

1. 电泳技术的原理 电泳是指带电粒子在电场中向与自身带相反电荷的电极移动的现象。许多生物分子都带有电荷，其电荷的多少取决于分子性质及其所在介质的 pH 和组分，由于混合物中各组分所带电荷性质、电荷数量以及分子质量不同，在同一电场的作用下，各组分泳动的方向和速度也不同。因此，在一定时间内各组分移动的距离不同，从而可达到分离鉴定各组分的目的。

在电场中，

$$F=QE$$

式中：F——推动带电质点运动的力，N；

Q——质点所带净电荷量，C；

E——电场强度，N/C。

质点的前移同样要受到阻力 F' 的影响，对于一个球形质点，服从 Stoke 定律，即

$$F'=6\pi r\eta v$$

式中：r——质点半径，m；

η——介质黏度，Pa·s；

v——质点移动速度，m/s。

当质点在电场中作稳定运动时：

$$F=F'$$

即

$$QE=6\pi r\eta v$$

可见，球形质点的迁移速度，首先取决于自身状态，即与所带电量成正比，与其半径及介质黏度成反比。除了自身状态的因素外，电泳体系中其他因素也影响质点的电泳迁移速度。

2. 影响电泳的主要因素

(1) 电泳介质 pH　当介质的 pH 等于某种两性物质的等电点时，该物质处于等电状态，即不向正极或负极移动。当介质 pH 小于其等电点时，该物质呈正离子状态，移向负极；反之，介质 pH 大于其等电点时，该物质呈负离子状态，移向正极。因此，任何一种两性物质的混合物电泳均受介质 pH 的影响，即决定两性物质的带电状态，为了保持介质 pH 的稳定性，常用一定 pH 的缓冲液，如分离血清蛋白常用 pH 为 8.6 的巴比妥或三羟甲基氨基甲烷 (Tris) 缓冲液。

(2) 缓冲液的离子强度　离子强度低，电泳速度快，分离区带不清晰；离子强度高，电泳速度慢，但区带分离清晰。离子强度过低，缓冲液的缓冲量小，不易维持 pH 的恒定；离子强度过高，会降低蛋白质的带电量（压缩双电层），使电泳速度减慢。因此，常用的离子强度为 0.02～0.2。

(3) 电场强度　电场强度和电泳速度成正比。电场强度以每厘米的电势差计算，也称电势梯度。如纸电泳的滤纸 15 cm，两端电压（电势差）为 150 V，则电场强度为 150 V/15 cm=10 V/cm。电场强度越高，带电粒子的移动越快。电压增加，相应电流也增大，电流过大时易产生热效应，可使蛋白质变性而不能分离。

（4）电渗作用　在电场中，液体对固体的相对移动，称为电渗。如滤纸中含有表面带负电荷的羧基，溶液就向负极移动。电渗现象与电泳同时存在，所以电泳的粒子移动距离也受电渗影响，若纸上电泳蛋白质移动的方向与电渗现象相反，则实际上蛋白质泳动的距离等于电泳移动距离减去电渗距离；若纸上电泳蛋白质移动方向和电渗方向一致，其蛋白质移动距离等于电泳移动距离加上电渗距离。电渗现象所造成的移动距离可用不带电的有色染料或有色葡聚糖点在支持物的中间，观察电渗方向和距离。

3. 电泳技术的分类

① 按支持物物理性状不同，电泳可分为以下几类：

A. 滤纸及其他纤维素薄膜电泳，如醋酸纤维素薄膜电泳、玻璃纤维素薄膜电泳、聚胶纤维素薄膜电泳。

B. 粉末电泳，如纤维素粉电泳、淀粉电泳、玻璃粉电泳。

C. 凝胶电泳，如琼脂糖电泳、琼脂电泳、硅胶电泳、淀粉胶电泳、聚丙烯酰胺凝胶电泳。

D. 丝线电泳，如尼龙丝电泳、人造丝电泳。

② 按支持物的装置形式不同，电泳可分为以下几种：

A. 平板式电泳，支持物水平放置，是最常用的电泳方式。

B. 垂直板式电泳。

C. 连续-流动电泳。此法首先应用于纸电泳，将滤纸垂直竖立，两边各放一个电极，缓冲液和样品自顶端下流，与电泳方向垂直。此法可分离较大量的蛋白质。后来人们用淀粉、纤维素粉、玻璃粉等代替滤纸，分离效果更好。

③ 按 pH 的连续性不同，电泳可分为以下几种：

A. 连续 pH 电泳。电泳的全过程中缓冲液 pH 保持不变，如纸电泳、醋酸纤维素薄膜电泳。

B. 非连续 pH 电泳。缓冲液和支持物间有不同的 pH，如聚丙烯酰胺凝胶圆盘电泳、等电聚焦电泳、等速电泳等。此法能使分离物质的区带更加清晰，并可对极微量物质（纳克级）进行分离。

4. 电泳技术的应用　电泳技术目前已经广泛应用于基础理论研究、临床诊断及工业制造等方面。它可分离各种有机物（氨基酸、多肽、蛋白质、脂类、核苷、核苷酸、核酸等）和无机盐，并可用于分析某种物质的纯度及分子质量测定。例如用醋酸纤维素薄膜电泳分析血清蛋白；用琼脂对流免疫电泳分析病人血清，为原发性肝癌的早期诊断提供依据；用高压电泳研究蛋白质核酸的一级结构；用具有高分辨率的凝胶电泳分离蛋白质、核酸等大分子的研究工作，对生物化学与分子生物学的发展起了重要作用。同时，电泳技术与层析法结合和指纹图可用于蛋白质结构的分析；与免疫原理结合的免疫电泳，提高了对蛋白质的鉴别能力；与酶学方法结合的电泳，使人们发现了同工酶。电泳技术是一种很好的分离物质的方法，也是医学科学中的重要研究技术。

（五）离心技术

离心技术是指生物样品悬浮液在高速旋转下，由于巨大的离心作用使悬浮的微小颗粒（细胞器、生物大分子等）以一定的速度沉降，从而与溶液得以分离的一种技术。沉降速度取决于颗粒的质量、大小和密度。

1. 离心分离方法的分类及原理

（1）差速离心　采用不同的离心速度和离心时间，使沉降速度不同的颗粒分批分离的方法，称为差速离心。操作时，采用均匀的悬浮液进行离心，选择好离心力和离心时间，使大颗粒先沉降，取出上清液，在加大离心力的条件下再进行离心，分离较小的颗粒。如此多次离心，使不同大小的颗粒分批分离。差速离心所得到的沉降物含有较多杂质，需经过重新悬浮和再离心若干次，才能获得较纯的分离产物。差速离心主要用于分离大小和密度差异较大的颗粒。此法操作简单方便，但分离效果较差。

（2）密度梯度离心　密度梯度离心是样品在密度梯度介质中进行离心，使密度不同的组分得以分离的一种区带分离方法。密度梯度系统是在溶剂中加入一定的梯度介质制成的。梯度介质应有足够大的溶解度，以形成所需的密度，不与分离组分反应，而且不会引起分离组分的凝聚、变性或失活，常用的梯度介质有蔗糖、甘油等。如蔗糖密度梯度系统，其梯度范围是蔗糖浓度5%～60%，密度1.02～1.30 g/cm^3。

密度梯度溶液的制备可采用梯度混合器，也可将不同浓度的蔗糖溶液小心地一层层加入离心管中，越靠近管底，浓度越高，形成阶梯梯度。离心前，把样品小心地铺放在预先制备好的密度梯度溶液的表面。离心后，不同大小、不同形状、有一定沉降系数差异的颗粒在密度梯度溶液中形成若干条界面清晰的不连续区带。各区带内的颗粒较均一，分离效果较好。

在密度梯度离心过程中，区带的位置和宽度随离心时间的不同而改变。随离心时间的加长，区带会因颗粒扩散而越来越宽。为此，适当增大离心力、缩短离心时间，可减少区带扩宽。

（3）等密度离心　将CsCl、Cs_2SO_4等介质溶液与样品溶液混合，然后在选定的离心力作用下，经足够时间的离心，铯盐在离心场中沉降形成密度梯度，样品中不同浮力密度的颗粒在各自的等密度点位置上形成区带。前述密度梯度离心法中，欲分离的颗粒未达到其等密度位置，故分离效果不如等密度离心法好。

应当注意的是，铯盐浓度过高和离心力过大时，铯盐会沉淀于管底，严重时会造成事故，故等密度梯度离心需由专业人员经严格计算确定铯盐浓度、离心机转速及离心时间。此外，铯盐对铝合金转子有很强的腐蚀性，故最好使用钛合金转子，转子使用后要仔细清洗并干燥。

2. 离心机的种类与用途　离心机按用途不同可分为分析用离心机、制备用离心机及分析-制备离心机；按结构特点不同可分为管式离心机、吊篮式离心机、转鼓式离心机和碟式离心机等；按转速不同可分为常速离心机、高速离心机和超速离心机3种。

常速离心机又称为低速离心机。其最大转速为8 000 r/min，相对离心力在10 000×g以下，主要用于分离细胞、细胞碎片、培养基残渣等固形物，以及粗结晶等较大颗粒。常速离心机的分离形式、操作方式和结构特点多种多样，可根据需要选择使用。

高速离心机的转速为10 000～25 000 r/min，相对离心力达10 000×g～100 000×g，主要用于分离微生物菌体、细胞碎片和较大的细胞器等，但不能有效地沉降病毒、小细胞器或单个分子。为了防止高速离心过程中温度升高而使酶等生物分子变性失活，有些高速离心机装设了冷冻装置，这种离心机称为高速冷冻离心机。

超速离心机的转速达25 000～80 000 r/min，最大相对离心力达500 000×g甚至更高一些。超速离心机的精密度相当高。为了防止样品液溅出，一般附有离心管帽；为防止温度升高，设置有冷冻装置和温度控制系统；为了减少空气阻力和摩擦，设置有真空系统。此外，还有一系列安全保护系统、制动系统及各种指示仪表等。超速离心机可分离亚细胞器、病毒、核酸、蛋白质和多糖等。

分析用超速离心机用于样品纯度检测，是在一定的转速下离心一段时间以后，用光学仪器测出各种颗粒在离心管中的分布情况，通过紫外吸收率或折射率等判断其纯度。若只有一个吸收峰或只显示一个折射率改变，表明样品中只含有一种组分，样品纯度很高。若有杂质存在，则显示含有两种或多种组分的图谱。

分析用超速离心机可用于测定物质的沉降系数。沉降系数是指在单位离心力的作用下粒子的沉降速度，以 Svedberg 表示，简称 S，$1S=1\times10^{-13}s$。

（六）免疫组化技术

应用免疫学基本原理——抗原抗体反应，即抗原与抗体特异性结合的原理，通过化学反应使标记抗体的显色剂（荧光素、酶、金属离子、同位素）显色来确定组织细胞内抗原（多肽和蛋白质），对其进行定位、定性及定量的研究，称为免疫组织化学技术（immunohistochemistry）或免疫细胞化学技术（immunocytochemistry），简称免疫组化技术。具有特异性高和亲和力强的抗体是应用该技术的实验成功的首要条件。该技术对抗体的要求：纯度高、比活性强。高度特异性抗体的获得，取决于抗原的纯度。该技术对抗原的要求：纯度高，抗原免疫原性强，稳定无变化。

免疫组化实验中常用的抗体有单克隆抗体和多克隆抗体。单克隆抗体是一个 B 淋巴细胞克隆分泌的抗体，是应用细胞融合杂交瘤技术免疫动物制备的，具有特异性强、抗体产量高的特点。多克隆抗体是将纯化后的抗原直接免疫动物后，从动物血中所获得的免疫血清，是多个 B 淋巴细胞克隆所产生的抗体混合物。其特异性低，会产生抗体的交叉反应。多克隆抗体广泛应用于石蜡包埋组织切片，可减少假阴性染色机会。

免疫组化实验对组织和细胞标本的要求有两个：一是保持所检标本原有的结构、形态；二是在原位最大限度地保持待测抗原（或抗体）的免疫活性，既不淬灭、流失或弥散，也不被隐蔽。免疫组化的组织和细胞标本，制作流程与常规处理方法基本相同，但对组织、细胞的处理又有其特殊要求及注意事项。各种抗原由于其含量及特性的差异对标本处理方式常有不同要求，因此要选择适用于本实验的最佳方法。

免疫组化中常用的组织和细胞标本有以下两种：①组织标本，如石蜡切片、冰冻切片；②细胞标本，如组织印片、细胞培养片（细胞爬片）、细胞涂片。

中篇　生物化学基础性实验

第一部分　核　　酸

实验一　利用CTAB法提取植物总DNA

一、实验目的

分离、纯化植物基因组DNA是植物分子生物学和基因工程的基本技术要求，提取的DNA可用于PCR（聚合酶链式反应）、Southern杂交、分子标记、DNA文库构建等。本实验的目的是了解植物总DNA提取的基本原理及各种试剂的作用，掌握利用CTAB（十六烷基三甲基溴化胺）法提取不同植物材料或同一材料不同组织器官部位的总DNA。

二、实验原理

植物材料在液氮中速冻后，迅速研磨从而破碎细胞，然后用细胞抽提液对其进行抽提。细胞抽提液可溶出核酸，抽提液中含有的变性剂能溶解膜蛋白而破坏细胞膜，并使蛋白质变性而沉淀下来；抽提液中的EDTA与金属离子螯合可抑制DNA酶的活性。常用的细胞抽提液有CTAB抽提液、SDS抽提液。CTAB是一种非离子去污剂，植物材料在CTAB的处理下，结合65℃水浴使细胞裂解、蛋白质变性、核酸被释放出来。CTAB与核酸形成复合物，此复合物在高盐浓度（＞0.7 mmol/L）下可溶，并稳定存在。SDS是一种离子去污剂，能溶解细胞膜和核膜蛋白，使细胞膜和核膜破裂；进一步再用酚、氯仿等有机溶剂使蛋白质变性，采用离心将变性的蛋白质和多酚、多糖等杂质（沉淀相）去除，得到的溶液经异丙醇或乙醇等DNA沉淀剂将DNA沉淀分离出来。CTAB法简便、快速，DNA产量高（纯度稍次，适用于一般分子生物学操作）。SDS法提取过程长，纯度高。

用于精细PCR、Southern杂交和DNA文库构建的DNA则应进一步纯化。可用RNase水解RNA，用酚-氯仿-异戊醇和氯仿-异戊醇抽提粗提DNA进一步去除蛋白杂质等，经乙醇沉淀后可获得较为纯净的植物总DNA。

三、实验材料

幼嫩植物组织器官，如叶片、花蕾、种子、根系等（新鲜样品或－80℃保存样品）。

四、主要仪器设备、耗材与试剂

1. 主要仪器设备与耗材　台式离心机、制冰机、自动灭菌锅、纯水系统、电子天平、酸度计、恒温水浴锅、紫外凝胶成像仪、电泳仪及水平电泳槽、紫外/可见分光光度计、冰箱、液氮容器及液氮、微波炉、研钵、微量移液器（0.5～1 000 μL）、离心管（5 mL、1.5 mL）、枪头（10 μL、200 μL、1 000 μL）、两面板等。

2. 主要试剂

（1）CTAB 抽提液　内含 100 mmol/L Tris - HCl（pH＝8.0）、20 mmol/L EDTA、1.4 mol/L NaCl、20 g/L CTAB。

抽提液于 121 ℃高压灭菌 20 min，冷却后室温保存，可在几年内保持稳定。临用之前向装有上述抽提液的离心管中加入 β-巯基乙醇使终浓度为 2%～3%（体积分数），可防止材料中多酚类物质的氧化。抽提含多酚较多的植物材料时，可另加入 PVP（聚乙烯吡咯烷酮）使终浓度为 2%。

（2）TE 溶液（pH＝8.0）　内含 100 mmol/L Tris - HCl、1.0 mmol/L EDTA。

（3）其他试剂　3 mol/L 乙酸钠溶液（用冰乙酸调 pH 至 5.2）、无水乙醇、异丙醇、75%乙醇、酚-氯仿-异戊醇（25∶24∶1，酚为 Tris 平衡，pH 8.0）、氯仿-异戊醇（24∶1）、灭菌重蒸水、RNase A（10 μg/ μL）、6×上样缓冲液、1×TAE 缓冲液等。

五、实验步骤

① 向 5 mL 离心管中预先加入 2 mL CTAB 抽提液及 40 μL β-巯基乙醇，混匀，65 ℃预热。

② 称取 0.5～1.0 g 的幼嫩组织器官，用液氮磨成粉末，迅速用药匙转入加有抽提液的离心管中，盖严后迅速摇匀，于 65 ℃水浴中 30～45 min，中途间隔轻柔颠倒混匀 3～4 次。

③ 冷却后加入与上清液等体积（约 2 mL）的氯仿-异戊醇，轻柔颠倒混匀，使其乳化10 min。

④ 10 000 r/min 室温离心 10 min，充分吸取上清液于另一干净的 5 mL 离心管中，注意不要吸取或破坏中间的蛋白相。

⑤ 加入占上清液的 1/10～1/5 体积（约 250 μL）的乙酸钠溶液，混匀，调 pH 至酸性。

⑥ 加入与上清液等体积（约 2 mL）的－20 ℃预冷的异丙醇，立即轻柔颠倒混匀，应有白色絮状沉淀出现。

⑦ 采用 1 000 μL 枪头吸住絮状沉淀，将其转移到含 75%乙醇的 1.5 mL 离心管中，漂洗 1 min。

⑧ 弃上清液（注意不要吸走沉淀），再加 75%乙醇漂洗 1 min。

⑨ 弃上清液（注意不要吸走沉淀），加入无水乙醇漂洗 1 min。

⑩ 彻底吸干无水乙醇，沉淀于 37 ℃恒温箱中或室温干燥片刻至刚出现半透明，然后用 250～500 μL TE 溶液溶解沉淀，溶解困难时可用 50 ℃水浴助溶，混匀后得到 DNA 粗提物，可保存于－20 ℃备用，或立即进入 DNA 纯化阶段。

⑪ 向 TE 溶液溶解的 DNA 粗提物中加入 10 μL RNase A，轻柔混匀，于 37 ℃酶解 RNA 60 min。

⑫ 加入 500 μL 酚-氯仿-异戊醇，轻轻颠倒混匀，乳化 10 min。

⑬ 10 000r/min 常温离心 10 min，吸取上清液至新的 1.5 mL 离心管中，注意勿吸取和破坏蛋白质层。

⑭ 重复步骤⑤～⑨，其中第⑥步中用－20 ℃预冷的无水乙醇代替异丙醇。

⑮ 用 100～300 μL TE 溶液溶解沉淀，混匀后得到纯化后的 DNA，可保存于－20 ℃备用。

六、实验结果

1. 电泳检测 制备 1%的琼脂糖凝胶。取 5 μL DNA，加 1 μL 6×上样缓冲液混匀，以 λ*Hind* Ⅲ DNA marker 作为分子质量标准，在 1×TAE 缓冲液中于 120 V、100 mA 左右进行琼脂糖凝胶电泳约 30 min，至溴酚蓝迁移至 2/3 距离处，取出凝胶于紫外凝胶成像仪中观察并拍照，从主带亮度、主带分子质量大小、弥散程度、RNA 降解彻底度等方面评价 DNA 的质量。

2. 分光光度法检测和浓度测定 核酸在 260 nm 处有最大吸收峰，蛋白质在 280 nm 处有最大吸收峰，盐和小分子在 230 nm 处有最大吸收峰。吸取 15 μL DNA 用 TE 溶液稀释成 3 mL（200 倍），用 TE 溶液作参比，于分光光度计上分别测定 A_{260}、A_{280} 及 A_{230}；根据 A_{260} 计算 DNA 的浓度（μg/ μL）（A_{260}×50×稀释倍数/1 000）；获得的 DNA 要求：$2>(A_{260}/A_{280})>1.7$，$A_{260}/A_{230}>2.0$。蛋白质污染使比值偏小，RNA 污染使比值偏大。如果有 RNA 污染，则所测浓度为 DNA 和 RNA 的总浓度。

七、注意事项

① 多糖是植物 DNA 提取中的主要污染物，幼嫩组织含糖量较少，因此尽量取幼嫩组织为材料。此外，把要提取的植物材料在暗处放置 1～3 d 能减少组织中糖类的含量。

② 提取过程中，染色体会发生机械断裂，产生大小不同的片段，因此分离基因组 DNA 时应快速冷冻植物组织，并在冷冻状态下将其研磨成粉末。研钵使用前要预冷，粉末在加 CTAB 前不要融化。在提取过程中，动作操作要温和，避免剧烈振荡，以防止 DNA 分子断裂。

③ 含有植物组织粉末的 CTAB 抽提液与氯仿-异戊醇混合时要充分摇匀，否则蛋白质变性不完全。

④ 一般用异丙醇、无水乙醇等作为 DNA 的沉淀剂。异丙醇沉淀的优点是所需体积小，沉淀速度快，适用于浓度低、体积大的 DNA 样品的沉淀，但其缺点是易使盐类（如 NaCl）、蔗糖与 DNA 共沉淀，并且异丙醇本身难挥发除去；无水乙醇对盐类沉淀少，易挥发，不影响后续实验，但所需体积大，一般为样品体积的 2～2.5 倍。

⑤ 所有用品均需要高温高压灭菌并烘干后使用，以灭活残余的 DNA 酶；所有试剂均用灭菌重蒸水配制；操作时要戴手套。

⑥ 电泳检测和分光光度法检测可以基本评价 DNA 的质量，但 DNA 中诸如 CTAB、酚、氯仿等抽提试剂成分的残留是电泳法和分光光度法难以评价的。这些杂质如果较多会抑制 DNA 下游操作中的酶活性，因此可进一步通过酶切、PCR 等鉴定 DNA 质量。

八、问题讨论

① DNA 降解的可能原因有哪些?
② 提高 DNA 得率的措施有哪些?
③ 如何检测和保证 DNA 的质量?
④ 在实验过程中，加入的 EDTA、CTAB 分别起什么作用?
⑤ 乙酸钠在实验过程中主要起什么作用?
⑥ 氯仿在核酸的提取过程中有什么作用?

实验二　利用 SDS-苯酚法提取动物基因组总 DNA

一、实验目的

学习并掌握利用 SDS-苯酚法提取动物组织基因组 DNA 的原理及操作步骤。

二、实验原理

提取基因组 DNA 的基本程序包括以下 3 步：破坏细胞膜释放 DNA、抑制核酸酶、除去蛋白质及其他杂质。破坏细胞膜通常用液氮研磨。DNA 和 RNA 都是以与蛋白质结合形成的蛋白复合体形态存在于细胞中，根据 DNA-蛋白复合体在 NaCl 溶液中的溶解度很大，RNA-蛋白复合体在 NaCl 溶液中的溶解度很小的特点，可将二者分离开来。蛋白质经蛋白酶水解，并经苯酚、氯仿变性而分开。提纯过程中的 DNA 酶活性经低温操作并用 SDS 解聚或柠檬酸钠和 Na_2EDTA 等螯合剂抑制，逐渐纯化的 DNA 经乙醇沉淀而收集，最终实现 DNA 分离与纯化的目的。

三、实验材料

棉铃虫成虫。

四、主要仪器设备、耗材与试剂

1. 主要仪器设备与耗材　离心机、水浴锅、烘箱、冰箱、高压灭菌锅、研钵、液氮、带盖离心管和移液枪等。

2. 主要试剂

(1) 1 mol/L Tris-HCl (pH=8.0)　称取 6.055 g Tris 置于 50 mL 烧杯中，加入 40 mL 去离子水溶解，加入约 0.21 mL 浓盐酸调节 pH 至 8.0，用去离子水定容至 50 mL，高温高压灭菌后，贴上标签，室温保存。

(2) 5 mol/L NaCl 溶液　称取 29.22 g 固体 NaCl 置于 100 mL 烧杯中，加入 80 mL 去离子水溶解并定容至 100 mL，摇匀。高温高压灭菌后，贴上标签，降至室温，4 ℃保存。

(3) 0.5 mol/L EDTA (pH=8.0)　称取 18.61 g $Na_2EDTA \cdot 2H_2O$ 置于 100 mL 烧杯中，加入 80 mL 去离子水溶解，用 0.1 g 的 NaOH 颗粒（慢慢逐步加入）调节 pH 至 8.0，用去离子水定容至 100 mL。注意：pH 至 8 时，EDTA 才能完全溶解。

(4) TES 裂解液（释放 DNA）　取 2 mL 的 5 mol/L NaCl 溶液于 80 mL 去离子水中，

再分别加入 0.2 mL 的 1 mol/L Tris - HCl（pH=8.0）、1 mL 的 0.5 mol/L EDTA 和少量的 10% SDS，加去离子水定容至 100 mL，摇匀，高温高压灭菌后，贴上标签，降至室温，4 ℃保存。

（5）10% SDS（变性剂破细胞） 称取 10 g 高纯度 SDS 置于 100 mL 烧杯中，加入 80 mL去离子水，于 68 ℃加热溶解，滴加浓盐酸调节 pH 至 7.2，用去离子水定容至 100 mL，摇匀后，贴上标签，室温保存。

（6）苯酚-氯仿-异戊醇（25∶24∶1） 分别取苯酚 50 mL、氯仿 48 mL、异戊醇 2 mL，于 100 mL 烧杯中混匀，将其转到棕色玻璃瓶中，贴上标签，4 ℃保存。

（7）氯仿-异戊醇（24∶1） 分别取氯仿 96 mL、异戊醇 4 mL，于 100 mL 烧杯中混匀，将其转到棕色玻璃瓶中，贴上标签，4 ℃保存。

（8）氯仿-异戊醇（1∶1） 分别取氯仿 50 mL、异戊醇 50 mL，于 100 mL 烧杯中混匀，将其转到棕色玻璃瓶中，贴上标签，4 ℃保存。

（9）TE 缓冲液（溶解 DNA，pH=8.0） 分别取 5 mL 的 1 mol/L Tris - HCl（pH=8.0）、1 mL 的 0.5 mol/L EDTA（pH=8.0）加入 50 mL 的容量瓶中，加入 40 mL 去离子水摇匀后，用去离子水定容至 100 mL，高温高压灭菌后，贴上标签，室温保存。

（10）其他试剂 Tris、EDTA、饱和苯酚、氯仿、异戊醇、无水乙醇、75%乙醇。

五、实验步骤

① 取棉铃虫成虫去翅，在研钵中用液氮快速研磨成粉状后，转移到 1.5 mL 离心管中加入 TES 裂解液，振荡摇匀，65 ℃水浴 8 min，使其充分裂解。

② 加入 0.23 mL 预热至 65 ℃的饱和苯酚，65 ℃水浴 10 min。

③ 水浴结束后，向离心管中加入 0.23 mL 氯仿-异戊醇（1∶1），轻轻上下颠倒混匀后，室温 12 000 r/min 离心 10 min。

④ 小心吸取上清液于一个新的 1.5 mL 离心管中，加入等体积的苯酚-氯仿-异戊醇（25∶24∶1），颠倒混匀，室温 10 000 r/min 离心 10 min，取上清液转移到一个新的 1.5 mL 离心管中。

⑤ 加入等体积的氯仿-异戊醇（24∶1），颠倒混匀，室温 10 000 r/min 离心 10 min，取上清液转移到一个新的 1.5 mL 离心管中。

⑥ 加入 0.35 倍体积的 4 ℃预冷的无水乙醇，边加边迅速混匀，4 ℃冰箱放置 10 min，4 ℃ 12 000 r/min 下离心 10 min，弃上清液。

⑦ 沉淀物用 75%乙醇洗涤，4 ℃ 7 500 r/min 离心 10 min，弃上清液，室温干燥 3～10 min。

⑧ 加入 30～50 μL TE 缓冲液溶解 DNA，−20 ℃保存。

六、结果与分析

观察提取出来的 DNA 的颜色和黏稠度。

七、注意事项

① 液氮研磨时要迅速，注意液氮不要溅到手上或身上。

② 取上清液时，注意不要吸起中间的蛋白质层。

③ 抽提的每一步用力要柔和，防止机械剪切力对 DNA 的损伤。

④ 实验过程中穿实验服，戴手套和口罩。

⑤ 实验过程中尽量打开窗户，在通风处进行。

八、问题讨论

① 描述提取出来的 DNA 的物理性状。

② 分析提取 DNA 失败或量少的因素有哪些。

③ DNA 提取过程中为什么要用乙醇洗涤？其基本原理是什么？

实验三　质粒 DNA 的制备与纯化

一、实验目的

质粒是染色体以外能够自主复制的双链闭合环状的 DNA 分子。质粒一般存在于细菌中，在一些动植物细胞中也有存在。质粒是基因工程中最为常见的载体。与天然质粒相比，质粒载体通常带有一个或一个以上的选择性标记基因（如抗生素抗性基因）和一个人工合成的含有多个限制性内切酶识别位点的多克隆位点序列，并去掉了大部分非必需序列，使分子质量尽可能减小，以便于基因工程操作。通过本次实验，了解质粒 DNA 作为载体在基因工程中的应用，掌握质粒 DNA 分离和纯化的基本原理，学习碱变性法提取质粒 DNA 的方法。

二、实验原理

大多数质粒载体带有一些多用途的辅助序列，这些用途包括通过组织化学方法鉴定重组克隆、产生用于序列测定的单链 DNA、体外转录外源 DNA 序列、鉴定片段的插入方向、外源基因的大量表达等。一个理想的克隆载体大致应有以下一些特性：①能自主复制；②具有多种常用的限制性内切酶的单个酶切位点，并在酶切位点中插入外源基因后不影响其复制功能；③具有 1～2 个筛选标记；④分子质量小，多拷贝，易于操作；⑤转化效率高。

质粒 DNA 的制备，是通过 SDS 处理大肠杆菌寄主细胞，使之完全裂解，释放出完整的染色体 DNA 及质粒 DNA。这个步骤要求操作十分温和并且小心谨慎，要尽量避免染色体 DNA 发生断裂。大肠杆菌细胞裂解液经离心之后，获得了含有大量质粒 DNA 的上清液。本实验采用的是碱裂解法制备质粒 DNA。

在离心所得的大肠杆菌细胞裂解液上清液中，不可避免地含有寄主细胞染色体 DNA 的短片段，因此需要设法除去这些污染的 DNA 片段，使质粒 DNA 得以纯化，这个过程称为质粒 DNA 的纯化。

三、实验材料

经转化后长有大肠杆菌单菌落的 LB 固体培养基。

四、主要仪器设备、耗材与试剂

1. 主要仪器设备与耗材　冷冻离心机、恒温水浴锅、冰箱、高压灭菌锅、无菌操作台、恒温培养箱、移液枪、涡旋振荡器、电泳仪及水平电泳槽、紫外凝胶成像仪、微量移液器、微波炉、电子天平、枪头（10 μL、200 μL、1 000 μL）、三角瓶、两面板、1.5 mL 带盖离心管、无菌滤纸等。

2. 主要试剂

（1）2 mol/L Tris - HCl（pH 8.0）

① 用电子天平称取固体 Tris 12.114 g，放入烧杯中。

② 用量筒取超纯水 30 mL 于烧杯中，将 Tris 溶解混合成溶液 A。

③ 用浓盐酸（HCl）将溶液 A 的 pH 调整至 8.0。

④ 将调整过 pH 的溶液 A 转移至 50 mL 的容量瓶中，加入适量超纯水定容至 50 mL，上下颠倒混匀后将其倒入提前准备好的棕色瓶中，贴上标签，120 ℃高压灭菌 30 min 后，等溶液温度降至室温，放于 4 ℃冰箱保存备用。

（2）0.5 mol/L EDTA（pH 8.0）

① 用电子天平称取 $Na_2EDTA \cdot 2H_2O$ 9.08 g，将其放入烧杯中。

② 用量筒取超纯水 40 mL 于烧杯中，将 $Na_2EDTA \cdot 2H_2O$ 溶解混合成溶液 B。

③ 用 NaOH 固体（1 g 左右）缓慢将溶液 B 的 pH 调整至 8.0。

④ 将调整过 pH 的溶液 B 转移至 50 mL 的容量瓶中，加入适量超纯水定容至 50 mL，上下颠倒混匀后，将其倒入提前准备好的棕色瓶中，贴上标签，保存备用。

（3）Solution 1（内含 50 mmol/L 葡萄糖、25 mmol/L Tris - HCl、10 mmol/L EDTA，pH 8.0）

① 用电子天平及量筒分别称取或量取以下试剂于烧杯中：葡萄糖 991.0 mg，2 mol/L Tris - HCl 1.25 mL，0.5 mol/L EDTA 2.0 mL。

② 加入适量超纯水溶解并定容至 100 mL。

③ 在 103.42 kPa 压力下蒸汽灭菌 15 min，将配制好的溶液放于干净的玻璃瓶中，贴上标签，保存于 4 ℃备用。

（4）10 mol/L NaOH 溶液

① 用电子天平称取 NaOH 400 g，放入烧杯中。

② 用量筒取超纯水 450 mL 于烧杯中将 NaOH 溶解。

③ 加入适量超纯水定容至 1 L，混匀后将溶液倒入提前准备好的玻璃瓶中，贴上标签，保存备用。

（5）20% SDS 溶液

① 用量筒量取 60 mL 超纯水于烧杯中。

② 用电子天平称取 SDS 20 g，缓慢加入烧杯中，边加边搅拌，直至溶解。

③ 加入适量超纯水定容至 100 mL。

（6）Solution 2（内含 0.2 mol/L NaOH、1.0% SDS，pH 12.0～12.45）

① 用量筒分别量取以下试剂于烧杯中：10 mol/L NaOH 2 mL，20% SDS 5 mL。

② 加入适量超纯水溶解并定容至 100 mL。

注意：Solution 2 需现配现用。

（7）5 mol/L NaOAc 溶液（pH 4.8）

① 用量筒量取 29.5 mL 冰乙酸于烧杯中。

② 用 NaOH 颗粒缓慢将溶液 pH 调至 4.8。

③ 加入适量超纯水定容至 100 mL，室温保存。

注意：NaOAc 溶液不可高压灭菌。

（8）Solution 3（3 mol/L NaOAc，pH 4.8）

① 用量筒分别量取以下试剂于烧杯中：5 mol/L NaOAc 60 mL，冰乙酸 11.5 mL。

② 加入适量超纯水定容至 100 mL。

（9）TE 缓冲液（内含 10 mmol/L Tris－HCl、1 mmol/L EDTA，pH 8.0）

① 用量筒分别量取以下试剂于烧杯中：2 mol/L Tris－HCl 0.5 mL，0.5 mol/L EDTA 0.2 mL。

② 加入适量超纯水混匀并定容至 100 mL。

（10）其他试剂　95%和 70%乙醇、AMP 抗生素、LB 液体培养基、RNase、50×TAE 电泳缓冲液、6×上样缓冲液、琼脂糖、Goldview 染料、DNA 分子质量标准物。

五、实验步骤

① 用无菌枪头挑取转化后的大肠杆菌单菌落于 5 mL 含有 AMP 抗生素的 LB 液体培养基中，37 ℃ 200 r/min 恒温振荡培养 14～16 h。

② 取 1.5 mL 培养液于 4 ℃ 14 000×*g* 离心 30 s，用 1 000 μL 的移液枪尽可能吸去培养液，保留沉淀。

③ 在含有细菌沉淀的 1.5 mL 离心管中加入 100 μL 预冷的 Solution 1，剧烈振荡使沉淀与 Solution 1 充分混合，室温静置 5 min。

④ 向上述悬浮液中加 200 μL 预冷的 Solution 2，将离心管盖紧后快速颠倒 5～10 次（切勿剧烈振荡），放置于冰上 5 min。

⑤ 加入 150 μL 预冷的 Solution 3，在涡旋振荡器上振荡 2 s 充分混匀后，放置于冰上 5 min。

⑥ 在离心机上 4 ℃ 14 000×*g* 离心 5 min，取 400 μL 上清液于新的离心管中。

⑦ 加 800 μL 95%乙醇，吹打混匀，－20 ℃静置 10 min。

⑧ 在离心机上 4 ℃ 14 000×*g* 离心 5 min，用 1 000 μL 的移液枪尽可能吸去上清液。

⑨ 向上述离心管中加入 1 000 μL 的 70%乙醇，吹打混匀，4 ℃ 14 000×*g* 离心 2 min。

⑩ 重复步骤⑨，用 1 000 μL 的移液枪尽可能吸去上清液及管壁上残留的液体，将离心管管盖打开，放置于室温 5～10 min，使管内乙醇挥发。

⑪ 加入 30～50 μL 含 RNase 的 TE 缓冲液，用 1 000 μL 的移液枪吹打沉淀，使之与 TE 缓冲液充分混合，重溶沉淀。

⑫ 用 1%琼脂糖凝胶电泳分析，剩余质粒 DNA 的溶液置于－20 ℃保存。

六、结果与分析

对所提取的质粒 DNA 用 1%琼脂糖凝胶进行凝胶电泳，用凝胶成像系统综合分析图像结果，对照 DNA 分子质量标准物，观察检测质粒 DNA 的浓度、相对分子质量大小及完整性。

七、注意事项

① 在加入 Solution 2 后应注意放置时间应不超过 5 min，因为质粒 DNA 处于强碱性环

境中的时间过长会发生不可逆的变性。

② 在步骤⑤中加入 Solution 3 后放置于冰上 5 min 后如未见大量白色沉淀即说明实验已失败，此时需立即重做。

八、问题讨论

① 简要说明质粒作为基因工程的载体所必须具备的特点。

② 实验中加入 Solution 1、Solution 2 和 Solution 3 的作用分别是什么？

实验四　酵母 RNA 的分离及组分鉴定

一、实验目的

掌握浓盐法分离酵母 RNA 的原理与方法。

二、实验原理

微生物是工业上大量生产核酸的原料，酵母菌为单细胞真菌，酵母中核酸的主要成分是 RNA（2.67%～10.0%），DNA 含量很少（0.03%～0.516%），且菌体容易收集，RNA 易于分离；同时抽提后的蛋白质具有很高的利用价值。

核糖核酸（ribonucleic acid，RNA）是由核糖核苷酸通过磷酸二酯键连接而成的一类核酸。RNA 的提取过程是先使 RNA 从细胞中释放出来，并使得 RNA 与蛋白质分离，再根据核酸在等电点的溶解度最小的性质，将 pH 调到 2.0～2.5，从而使 RNA 以沉淀的形式析出。

RNA 提取的方法有很多，在工业生产上常用稀碱法和浓盐法进行提取。本实验采用浓盐法（10% NaCl）进行提取。得到的 RNA 加硫酸煮沸可以使 RNA 水解为嘌呤碱、核糖、磷酸和嘧啶碱。

① 嘌呤碱鉴定。嘌呤碱与银铵化合物作用产生白色的嘌呤银化合物沉淀，遇光呈红棕色。

② 核糖的鉴定用苔黑酚（3,5-二羟基甲苯）法。

③ 磷酸的鉴定用定磷法。

三、实验材料

酵母片。

四、主要仪器设备、耗材与试剂

1. 主要仪器设备与耗材　研钵、恒温水浴锅、量筒、小烧杯、滴管和玻璃棒、试管、试管架、移液管、移液管架、离心管、离心机、制冰机、精密 pH 试纸（pH 0.5～5.0）等。

2. 主要试剂

（1）10% NaCl　称取 10.0 g NaCl，用蒸馏水溶解并定容到 100 mL。

（2）6 mol/L HCl　取 50 mL 浓盐酸，用玻璃棒引流，缓慢加到 50 mL 的水中，同时搅拌溶液使产生的热量快速散发。

（3）1.5 mol/L 浓硫酸　商品用浓硫酸为 18 mol/L。取 100 mL 浓硫酸，用玻璃棒引流，缓慢加入1 000 mL的水中，同时搅拌溶液使产生的热量快速散发，最后定容到1 200 mL。

（4）三氯化铁-浓盐酸溶液　将2 mL 10% $FeCl_3$ 溶液加入400 mL浓盐酸中。

（5）苔黑酚乙醇溶液　称取6.0 g苔黑酚，用95%乙醇溶解后定容至100 mL。

（6）定磷试剂　17%硫酸：2.5%钼酸铵：10%抗坏血酸：水＝1：1：1：2（体积比），现用现配。

17%硫酸：量取17 mL浓硫酸，用水定容至100 mL。

2.5%钼酸铵：称取2.5 g钼酸铵用水溶解并定容至100 mL。

10%抗坏血酸：称取10.0 g抗坏血酸用水溶解并定容至100 mL，贮存于棕色瓶中保存。溶液呈淡黄色时可用，如呈深黄色或棕色则无法使用，需要重新纯化抗坏血酸。

（7）其他试剂　浓氨水、0.1 mol/L硝酸银、95%乙醇等。

五、实验步骤

1. RNA水解液的制备　取酵母片3～4粒，放于研钵中加入10% NaCl溶液2 mL，研磨成匀浆，再用6 mL NaCl多次清洗，移至大试管，总体积控制在8 mL。将试管置沸水浴加热20 min，冷却后将提取液转移至离心管，3 500 r/min离心10 min，弃沉淀，上清液转至50 mL烧杯，冰水浴5 min，搅拌条件下加入1～2滴6 mol/L盐酸溶液，调节pH为2.0～2.5，继续冰水浴10 min。3 500r/min离心3 min，弃上清液，向沉淀中加入5 mL 95%乙醇，搅拌，洗涤，3 500 r/min离心3 min，去掉上清液，沉淀即为RNA粗制品。向沉淀中加入1.5 mol/L浓硫酸6 mL，搅拌均匀后沸水浴加热10 min，即为RNA水解液。

2. 组分鉴定

（1）嘌呤碱的鉴定　取水解液1 mL，加入过量的浓氨水，然后加入0.1 mol/L硝酸银溶液1 mL，混匀，观察有无嘌呤碱银化物出现。

（2）核糖的鉴定　取水解液1 mL，加入三氯化铁-浓盐酸溶液2 mL和苔黑酚乙醇溶液0.2 mL，沸水浴加热10 min，若溶液变成绿色，则说明有核糖存在。

（3）磷酸的鉴定　取水解液1 mL，加入定磷试剂1 mL，沸水浴加热，若溶液变成蓝色，说明有磷酸的存在。

六、结果与分析

通过颜色反应来说明RNA组分的鉴定结果。

七、注意事项

① 样品倒入玻璃离心管时不能太满。

② 离心前玻璃离心管（套上塑料管套）要先平衡好。

八、问题讨论

① RNA的分离提取还有哪些方法？所得RNA是否是纯品？如何进一步纯化？

② 若用氯仿-异戊醇进一步处理RNA制品，能否获得纯度更高的RNA？

③ 现有三瓶未知溶液，已知它们为蛋白质、糖和RNA，可采用什么试剂和方法鉴定？

实验五　离子交换层析分离核苷酸

一、实验目的

通过对标准核苷酸的鉴定，全面掌握离子交换层析技术。

二、实验原理

以强碱型阴离子交换树脂，采用梯度洗脱和阶段洗脱对酵母RNA水解液进行分离，利用标准核苷酸的参数确定层析峰的核苷酸种类。

离子交换层析法是固定相（离子交换剂）和流动相之间发生的可逆性离子交换反应。核酸经过酸、碱或酶解可以形成各种核苷酸的混合物。在进行离子交换层析时，由于每种核苷酸的等电点不同，它们与离子交换树脂的吸附能力不同，导致它们以不同的速度被洗脱下来。降低RNA水解液的离子强度，调整pH，使核苷酸带负电荷，等电点大的核苷酸与离子交换树脂的结合力弱，首先被交换下来，而等电点小的核苷酸与离子交换树脂的结合力强，最后被交换下来。4种核苷酸被洗脱的顺序为胞苷酸（CMP）、腺苷酸（AMP）、尿苷酸（UMP）、鸟苷酸（GMP）。由于2′-磷酸基团和3′-磷酸基团的位置不同，对碱基电荷的影响也不同，2′-磷酸基团更容易被洗脱下来。用双光束分光光度计对标准核苷酸进行扫描，然后计算标准核苷酸的参数，与实验通过离子交换层析法分离纯化的核苷酸溶液进行比较，最后确定为何种核苷酸。

三、实验材料

酵母RNA，强碱型阴离子交换树脂（型号为2018）（聚苯乙烯-二乙烯苯，三甲基季铵碱型）。

四、主要仪器设备、耗材与试剂

1. 主要仪器设备与耗材　电热恒温培养箱、台式低速离心机、玻璃层析柱（1.1 cm×20 cm）、蛋白核酸检测仪及记录仪、自动部分收集器BS-100A、双光束分光光度计、磁力搅拌器等。

2. 主要试剂　4种核苷酸标准品、0.3 mol/L氢氧化钾溶液、2 mol/L过氯酸溶液、2 mol/L氢氧化钠溶液、0.5 mol/L氢氧化钠溶液、1.0 mol/L盐酸溶液、1.0 mol/L甲酸钠溶液、0.2 mol/L甲酸溶液、0.15 mol/L甲酸溶液、0.02 mol/L甲酸溶液、pH 4.44的0.01 mol/L甲酸-0.05 mol/L甲酸钠缓冲液、pH3.74的0.1 mol/L甲酸-0.1 mol/L甲酸钠缓冲液、0.2 mol/L甲酸-0.2 mol/L甲酸钠缓冲液。化学试剂均为分析纯。

五、实验步骤

1. 核苷酸标准品扫描图谱　核苷酸在240～290 nm波长下有吸收峰。由于核苷酸吸光度受pH影响，测定前用0.3 mol/L氢氧化钾溶液调pH=7，将4种标准核苷酸在双光束分光光度计上测定即可。

2. 样品处理　取20 mg酵母RNA溶于2 mL 0.3 mol/L氢氧化钾溶液中，置于电热恒温培养箱中 37 ℃水解 20 h；然后用 2 mol/L 过氯酸溶液调 pH 至 2 以下，4 000 r/min 离心 10 min；弃沉淀，上清液用 2 mol/L 氢氧化钠溶液调至 pH=8；取出 100 μL 用于双光束分光光度计测定核苷酸含量，其余部分用于离子交换层析分离。

3. 树脂处理　取强碱型阴离子交换树脂用水浸泡 2 h，用浮选法除去细小颗粒，并用减压法除去树脂中存留的气泡；然后依次用 4 倍树脂量的 0.5 mol/L 氢氧化钠和 1 mol/L 盐酸浸泡 1 h，除去树脂中碱溶性和酸溶性杂质，均用去离子水洗至中性；最后用 1 mol/L 甲酸钠溶液将树脂转变为甲酸型。

4. 离子交换柱的准备　取内径 1.1 cm、高 20 cm 的玻璃管柱，连接蛋白核酸检测仪及记录仪、部分收集器；将处理好的强碱型阴离子树脂装柱，最后柱床高约8 cm，用 1 mol/L 甲酸钠平衡直至流出液不含氯离子（用 1%硝酸银检查）；然后用0.2 mol/L甲酸平衡，直至记录仪基线平稳；最后用去离子水洗至流出液接近中性。

5. 离子交换层析加样及洗脱　将酵母 RNA 水解液上柱，用去离子水洗去未吸附的杂质，直至记录笔回到基线，用 0.1 mol/L 甲酸- 0.1 mol/L 甲酸钠缓冲液分段洗脱或梯度洗脱。

（1）分段洗脱法　依次用 250 mL 的 0.02 mol/L 甲酸、350 mL 的 0.15 mol/L 甲酸、200 mL pH 4.44 的 0.01 mol/L 甲酸- 0.05 mol/L 甲酸钠缓冲液、250 mL pH 3.74 的 0.1 mol/L 甲酸- 0.1 mol/L 甲酸钠缓冲液分段洗脱，控制流速 3 mL/min。部分收集器收集流出液，每个洗脱峰溶液分别用氢氧化钠调至 pH=7，然后用分光光度计在 230～350 nm 波长范围内进行扫描，并与标准品扫描图谱对照，确定各洗脱峰核苷酸种类，然后测定 250 nm、260 nm、280 nm、290 nm 处的吸光度。

（2）梯度洗脱法　梯度仪的混合瓶装 300 mL 的 0.02 mol/L 甲酸，而贮液瓶装 300 mL 的 0.2 mol/L 甲酸- 0.2 mol/L 甲酸钠缓冲液，控制流速 1.5 mL/min，部分收集器收集流出液，每个洗脱峰溶液处理同分段洗脱法。

六、结果与分析

① 计算各核苷酸标准品的扫描图谱及相关参数。各洗脱峰的物理常数记录于表 1 中。

表 1　各洗脱峰的物理常数

核苷酸（2、3 混合）	相对分子质量	$\varepsilon_{260}\times10^{-3}$/［L/(mol·cm)］	A_{250}/A_{260}	A_{280}/A_{260}	A_{290}/A_{260}	λ_{max}/nm
AMP						
CMP						
GMP						
UMP						

② 参照核苷酸标准品的相关物理参数，确定扫描图谱各洗脱峰核苷酸种类。

③ 核苷酸含量的测定。根据各组分的合并体积（V）、吸光度（A_{260}）和稀释倍数计算出总吸光度；根据标准核苷酸的摩尔吸收系数（ε_{260}）、比色杯光径（I=1 cm）计算出每种核苷酸的物质的量（mol）以及酵母 RNA 水解后核苷酸的物质的量（mol）、各种核苷酸的回收率、核苷酸的总回收率，填入表 2 中。

表2 分段洗脱各峰的吸光值及回收率

项目	V/mL	A_{260}	核苷酸物质的量/mol	回收率/%
峰1（CMP）				
峰2（AMP）				
峰3（UMP）				
峰4（GMP）				
样品				

七、注意事项

本实验中样品的处理是关键，另外也要在树脂的处理、离子交换柱的准备、加样速度的控制等方面多加注意。

八、问题讨论

分段洗脱法和梯度洗脱法的优缺点各有哪些？

实验六 醋酸纤维素薄膜电泳分离核苷酸

一、实验目的

电泳是带电粒子在电场作用下向着与其电荷相反的电极移动的过程。电泳技术就是利用在电场的作用下，被分离物质中各种分子带电性质以及分子本身大小、形状等性质的差异，使带电分子产生不同的迁移方向和速度，从而对样品进行分离、鉴定或提纯的技术。以醋酸纤维素薄膜作支持物进行电泳分析的方法称为醋酸纤维素薄膜电泳法。醋酸纤维素薄膜电泳法操作简单、快速、廉价，已经被广泛用于血清蛋白、血红蛋白、球蛋白、脂蛋白、糖蛋白、甲胎蛋白、类固醇激素及同工酶等的分离分析中，尽管它的分辨力比聚丙烯酰胺凝胶电泳低，但它具有简单、快速等优点。通过本实验，掌握醋酸纤维素薄膜分离核苷酸的原理与操作方法，学会利用琼脂糖凝胶电泳检测 DNA 的情况，如 DNA 片段分子质量的大小、完整性等。

二、实验原理

醋酸纤维素薄膜是由一层薄薄的聚乙烯和压附在其上的醋酸纤维素酯构成的。醋酸纤维素薄膜经透明液处理后即透明，故可获得背景为无色的电泳图谱。醋酸纤维素薄膜溶于丙酮等有机溶剂中，即可涂布成均一细密的微孔薄膜，厚度以 0.1～0.15 mm 为宜。薄膜太厚吸水性差，分离效果不好；薄膜太薄则膜片缺少应有的机械强度，易碎。

RNA 在稀碱条件下水解，先形成中间产物 2′,3′-环状核苷酸，然后进一步水解得到 2′-核苷酸和 3′-核苷酸的混合物。在 pH 3.5 的环境下，各核苷酸的第一磷酸基完全解离，第二磷酸基和烯醇基不解离，而含氮环的 4 种核苷酸解离程度差别很大。因此，在 pH 3.5 的条件下进行电泳可将腺嘌呤核苷酸（腺苷酸，AMP）、鸟嘌呤核苷酸（鸟苷酸，GMP）、胞嘧啶核苷酸（胞苷酸，CMP）和尿嘧啶核苷酸（尿苷酸，UMP）这 4 种核苷酸分开。在 RNA 碱水解液条件下，带有不同量磷酸基团的核苷酸解离之后带有负电荷，它们在电场中都向正极移动，但移动的速度各不相同，从而可以将各核苷酸分离开来。在 pH 3.5 的 RNA 碱水解液中，核苷酸所带的负电荷的多少决定了其移动速度的快慢。一般来说，所带负电荷越多，移动速度越快，所以 4 种核苷酸的移动速度快慢依次为 UMP＞GMP＞AMP＞CMP。利用核苷酸类物质的碱基具有紫外吸收性质，将分离后的电泳醋酸薄膜放在紫外灯下，可见暗红色斑点，参照标准样品在同样条件下的电泳情况，对混合试样分离后的各组分进行鉴定。本实验先用稀氢氧化钾溶液将 RNA 水解，再加入适量的高氯酸将水解液的 pH 调至 3.5，同时生成高氯酸钾沉淀以除去 K^+，然后用电泳法分离水解液中的各核苷酸，并在紫外分析灯下确定 RNA 碱水解液的电泳图谱。

三、实验材料

RNA。

四、主要仪器设备、耗材与试剂

1. 主要仪器设备与耗材　常温离心机、恒温水浴锅、移液枪、电泳仪、电泳槽、紫外凝胶成像仪、微量移液器、微波炉、电子天平、枪头（10 μL、1 000 μL）、10 mL 锥形瓶、10 mL 带盖离心管、无菌滤纸、醋酸纤维素薄膜等。

2. 主要试剂　0.3 mol/L KOH 溶液、200 g/L $HClO_4$ 溶液、核糖核酸（粉末）、0.02 mol/L pH 3.5 柠檬酸缓冲液等。

五、实验步骤

① 用 1 000 μL 微量移液器量取所提取的 RNA 1 mL，溶于 1 mL 0.3 mol/L KOH 溶液中，在水浴锅中 37 ℃下保存 18 h 后，将 RNA 水解液转移至 10 mL 锥形瓶中。

② 在水浴条件下用 $HClO_4$ 溶液调节 RNA 水解液 pH 为 3.5。将上述混合液分装于 10 mL离心管中，并于常温离心机中 2 000 r/min 离心 10 min，将上清液转移至新的离心管中作为上样液，保存备用。

③ 裁剪适宜大小的滤纸条来搭建滤纸桥，再将 pH 3.5 的 0.02 mol/L 柠檬酸缓冲液倒入电泳槽。

④ 将醋酸纤维素薄膜下沉于有柠檬酸缓冲液的电泳槽中浸泡 20 min，将浸透的醋酸纤维素薄膜小心取出，用无菌滤纸将醋酸纤维素薄膜上多余的缓冲液吸去。

⑤ 将薄膜条上无光泽的一面向上平铺于玻璃板上，在醋酸纤维素薄膜无光泽面做好点样标记。

⑥ 用 10 μL 微量移液器在距离薄膜条一端的点样线处点样，最终形成一定宽度、粗细均匀的直线。

⑦ 将加完样的醋酸纤维素薄膜小心地放入电泳槽内，将点样端位于负极，无光泽面朝下，平整放于滤纸桥上，小心调整使醋酸纤维素薄膜平衡后，调整电压 160 V，磁场强度 0.4 mA/cm，电泳 25 min。

六、结果与分析

电泳完毕后，小心取下薄膜，放于干净滤纸上，于紫外凝胶成像仪下观察，并用铅笔小心地将吸收紫外光的暗斑圈出来。在实验报告纸上绘制出 RNA 水解液的醋酸纤维素薄膜的电泳图，并根据 4 种标准核苷酸的移动速度确定各斑点所代表的核苷酸。

七、注意事项

① 点样时应注意要在醋酸纤维素薄膜的无光泽面进行点样。

② 在进行电泳时应注意将点样端放置于电泳槽的负极一侧。

③ 电泳仪的正、负极和电泳槽的正、负极应一一对应，注意不要接错。

④ 点样量要控制，少了会导致区带不清晰，多了会导致拖尾现象发生。

八、问题讨论

① 简述醋酸纤维素薄膜电泳分离核苷酸的原理。

② 简要说明为什么进行点样时要在醋酸纤维素薄膜的无光泽面点样。

③ 简述各个核苷酸在电泳图中所对应的暗斑位置并分析是如何判断的。

实验七　DNA 的琼脂糖凝胶电泳

一、实验目的

琼脂糖凝胶电泳由于具有操作简单、快速、灵敏等优点，已成为分离和鉴定核酸的常用方法。通过本实验，掌握琼脂糖凝胶电泳的原理与操作，学会利用琼脂糖凝胶电泳检测 DNA 的情况，如 DNA 片段分子质量的大小、完整性等。

二、实验原理

DNA 分子在琼脂糖凝胶中泳动时有电荷效应和分子筛效应。DNA 分子在高于等电点的 pH 溶液中带负电荷，在电场中向正极移动。在一定的电场强度下，DNA 分子的迁移速度取决于分子筛效应，即 DNA 分子本身的大小和构型。DNA 分子越大，迁移率越小，因此，通过电泳可将不同分子质量的 DNA 分子分开。对于那些相对分子质量相同但构型不同的 DNA 分子，琼脂糖凝胶电泳也可以对其进行分离。例如，超螺旋的共价闭合环状质粒 DNA、开环质粒 DNA（共价闭合环状质粒 DNA 的一条链发生断裂）、线状质粒 DNA（共价闭合环状质粒 DNA 两条链发生断裂）的分子在凝胶电泳中的迁移率不同，因此电泳后呈 3 条带。超螺旋的共价闭合环状质粒 DNA 泳动最快，其次为线状质粒 DNA，最慢的为开环质粒 DNA。

核酸分子中嵌入荧光染料（如 Goldview 染料）后，在紫外灯下可观察到核酸片段所在的位置。通过与已知浓度和相对分子质量大小的 DNA 分子质量标准对比，观察其带型和迁移距离，即可鉴定待测 DNA 片段的相对分子质量。

三、实验材料

基因组 DNA、特异 DNA 片段、质粒 DNA 等。

四、主要仪器设备、耗材与试剂

1. 主要仪器设备与耗材　恒温水浴锅、电泳仪、水平电泳槽、紫外凝胶成像仪、微量移液器、微波炉、电子天平、酸度计、离心管（5 mL、1.5 mL）、枪头（10 μL、200 μL、1 000 μL）、三角瓶、两面板等。

2. 主要试剂

（1）50×TAE 电泳缓冲液（100 mL）　取 Tris 24.2 g、冰乙酸 5.7 mL、0.25 mol/L EDTA（pH 8.0）20 mL，加蒸馏水至 100 mL。使用时稀释至 1×TAE 缓冲液。

（2）6×上样缓冲液　内含溴酚蓝 2.5 g/L、甘油 300 g/L。

（3）其他试剂　琼脂糖、Goldview 染料、λDNA/*Hind* Ⅲ、DNA 分子质量标准物等。

五、实验步骤

1. 制备琼脂糖凝胶液　按照被分离 DNA 的大小，决定凝胶中琼脂糖的百分含量。可参照表 3 制备。

表 3　琼脂糖凝胶液浓度对应的线性 DNA 的有效分离范围

琼脂糖凝胶液浓度/%	线性 DNA 的有效分离范围/kb
0.3	5～60
0.6	1～20
0.7	0.8～10
0.9	0.5～7
1.2	0.4～6
1.5	0.2～4
2.0	0.1～3

称取 1 g 琼脂糖，放入三角瓶中，加入 100 mL 1×TAE 电泳缓冲液，置微波炉中加热至完全熔化，取出摇匀，则为 1%琼脂糖凝胶液。待琼脂糖凝胶液冷却至 60 ℃左右时，加入5 μL Goldview 染料，混匀。

2. 胶板的制备　将有机玻璃内槽放置于一水平位置，并放好加样梳；将温热的琼脂糖凝胶液缓缓倒入有机玻璃内槽，凝胶厚度 3～5 mm，注意不要形成气泡；待胶凝固后，轻轻取出加样梳，小心将胶板放入电泳槽内，加入 1×TAE 电泳缓冲液至电泳槽中，没过胶面约 1 mm。

3. 加样　取 5 μL DNA 样品与 1 μL 上样缓冲液混合，用微量移液器点加到凝胶的加样孔内，并加入 DNA 分子质量标准。

4. 电泳　盖上电泳槽，并与电泳仪连接、通电，使 DNA 向正极移动。电泳仪的电压 100 V，电流 500 mA，功率 250 W。当溴酚蓝染料移动到距凝胶前沿 1～2 cm 处，停止电泳。

5. 观察　取出凝胶板，在紫外凝胶成像仪下观察，照相。

六、结果与分析

综合分析图像结果，对照 DNA 分子质量标准物，观察 DNA 带型和迁移距离，判断

DNA 样品的相对分子质量及完整性。

七、注意事项

1. 影响 DNA 在琼脂糖凝胶中迁移率的因素

(1) DNA 分子大小　迁移率与相对分子质量的对数值成反比。相对分子质量越大，迁移越慢。对于那些相对分子质量相同但构型不同的 DNA 分子，结构越紧密的 DNA 迁移越快。

(2) 琼脂糖浓度　不同的凝胶浓度，形成凝胶的分子筛网孔大小不同，可分辨不同范围的 DNA。

(3) 电压　低电压时，线性 DNA 片段的迁移率与所加电压成正比。为使分辨效果好，凝胶上所加电压不应超过 5 V/cm。

(4) 电泳缓冲液的组成及其离子强度　无离子存在时，核酸基本不泳动，离子强度过大产热多，熔化凝胶可能导致 DNA 变性，一般采用 1×TAE、1×TBE 等。

2. 染料　如果使用溴化乙锭（EB）为核酸染料，应注意 EB 为致癌剂，操作时应戴手套，尽量减少台面污染。EB 废弃物严禁随便丢弃。

八、问题讨论

① 如果样品电泳后很久都没有出点样孔，你认为有哪几方面的原因？

② 琼脂糖凝胶电泳中 DNA 分子迁移率受哪些因素的影响？

③ 电泳时 DNA 片段的长度与胶的浓度应是怎样的对应关系？

实验八　RNA 的聚丙烯酰胺凝胶电泳

一、实验目的

① 掌握聚丙烯酰胺凝胶电泳分离 RNA 的方法和原理。

② 学习利用聚丙烯酰胺凝胶电泳法检测 RNA 条带。

二、实验原理

RNA 分子在一定 pH 的缓冲液中带有电荷，将其放入电场中，可向与其所带电荷电性相反的电极移动。聚丙烯酰胺凝胶具有分子筛效应，由于 RNA 分子大小、形状不同，故在电场作用下，RNA 分子在聚丙烯酰胺凝胶中电泳速度不同，因此可达到分离纯化的目的。

三、实验材料

RNA 样品液。

四、主要仪器设备、耗材与试剂

1. 主要仪器设备与耗材　电泳仪、玻璃板、间隔片、加样梳、注射器、可调微量取样器（2.5 μL、10 μL）、Tip 头等。

2. 主要试剂

（1）30%丙烯酰胺 取丙烯酰胺 29 g、亚甲双丙烯酰胺 1 g，加去离子水 100 mL，加热溶解，室温避光保存。

（2）5×TBE 缓冲液（pH8.3） 取 Tris 54 g、硼酸 27.5 g、0.5 mol/L EDTA 20 mL，加水至 1 000 mL。

（3）1×TBE 缓冲液 5×TBE 缓冲液稀释 5 倍。

（4）10%过硫酸铵 取过硫酸铵 1 g，加水溶解并定容至 10 mL，4 ℃保存。

（5）6×凝胶上样缓冲液 内含 0.25%溴酚蓝、0.25%二甲苯青、30%甘油。

（6）其他试剂 TEMED（*N*，*N*，*N*′，*N*′-四甲基乙二胺）、EB、DNA 分子质量标准物等。

五、实验步骤

1. 安装电泳装置与制胶

① 先用自来水、再用去离子水洗涤玻璃板和间隔片，并将它们置于一边晾干。

② 安装玻璃板和间隔片，根据玻璃板大小和间隔片的厚度来计算凝胶的体积。

③ 配 50 mL 3.5%丙烯酰胺凝胶。取 30%丙烯酰胺 5.8 mL、水 33.8 mL、5×TBE 10 mL、10%过硫酸铵 0.4 mL，混合。

④ 在 50 mL 3.5%丙烯酰胺凝胶液中加入 17.5 μL TEMED，迅速混匀，用注射器注入胶床，插入加样梳。室温下聚合约 30 min。

2. 加样，进行电泳检测

① 小心拔出加样梳，用 1×TBE 缓冲液冲洗干净。

② 在电泳槽中加入 1×TBE 缓冲液，覆盖样品孔。

③ 吸取 1 μL 6×凝胶上样缓冲液，再吸取 5 μL RNA 样品，混合，将混合液注入样品孔，另外吸取 5 μL DNA 分子质量标准物注入样品孔中作为对照。

④ 接上电源，正极接下槽，以 1～8 V/cm 的电压进行电泳。

⑤ 将凝胶和玻璃板一起放入加有 0.5 μg/mL EB 的 1×TBE 缓冲液中 15 min，水洗后用紫外凝胶成像仪观察并照相。

六、结果与分析

在紫外凝胶成像仪上检测 RNA 条带，并且用 DNA 分子质量标准物的条带来做比较，看 RNA 的 28S、18S 和 5S 的位置及亮度，判断是否降解。若条带完整清晰，说明 RNA 质量较好，可用作后续实验，放于−80 ℃保存。若条带拖带模糊，说明 RNA 降解严重，不可用作后续实验。

七、注意事项

① 电泳槽中和凝胶中使用的电泳缓冲液最好是同一批次配制的，以保持浓度一致。

② 必须等丙烯酰胺完全聚合了再拔出加样梳进行电泳检测。

③ 拔出加样梳后要立即冲洗加样孔。

④ 凝胶不能配制得太厚。

八、问题讨论

① 如何判断丙烯酰胺是否已聚合？

② 为什么有的时候 RNA 条带成“微笑”弯曲？这是由哪些原因导致的？

③ 影响 RNA 在聚丙烯酰胺凝胶中迁移率的因素有哪些？

实验九　PCR 技术扩增 DNA

一、实验目的

① 学习并掌握 PCR 技术扩增 DNA 的原理和方法。

② 学习利用琼脂糖凝胶电泳方法测定 DNA 片段的大小。

二、实验原理

聚合酶链式反应（polymerase chain reaction，PCR），又称多聚酶链式反应。它是一种体外 DNA 扩增技术，基本原理类似于 DNA 的天然复制过程，是在模板 DNA、引物和 4 种脱氧核苷酸存在的条件下，依赖于 DNA 聚合酶的酶促反应，将待扩增的 DNA 片段与其两侧互补的寡核苷酸链引物经“高温变性—低温退火—引物延伸”三步反应的多个周期循环，使目的 DNA 片段在数量上呈指数迅速增加。扩增数量为 2^n，n 为循环次数。

PCR 技术具有特异性强、灵敏度高、操作简便、省时等特点。它不仅可用于基因分离、克隆和核酸序列分析等基础研究，还可用于疾病的诊断或任何有 DNA、RNA 的地方。PCR 又称无细胞分子克隆或特异性 DNA 序列体外引物定向酶促扩增技术。对于探测这种复杂群体中的特异微生物或某个基因，杂交就显得不敏感。使用 PCR 技术可将靶序列放大几个数量级，再用探针杂交对被扩增序列做定性或定量研究分析微生物群体结构。PCR 技术常与其他技术结合起来使用，如 RT-PCR、竞争 PCR、巢式 PCR、核糖体 DNA 扩增片段限制性内切酶分析（ARDRA）等。

三、实验材料

DNA 模板、引物。

四、主要仪器设备、耗材与试剂

1. 主要仪器设备与耗材　PCR 扩增仪、0.2 mL 离心管、可调微量取样器（2.5 μL、10 μL、20 μL）、Tip 头、离心机、涡旋振荡器、电泳仪、电泳槽、制胶盒、托盘、加样梳等。

2. 主要试剂

（1）10×扩增缓冲液　内含 330 mmol/L Tris-乙酸、660 mmol/L 乙酸钾、100 mmol/L 乙酸镁、5 mmol/L 二硫苏糖醇、1 mg/mL 牛血清白蛋白。

（2）50×TAE 缓冲液　取 Tris 242 g、冰乙酸 57.1 mL、0.5 mol/L EDTA 100 mL，混匀。

（3）dNTP 混合液　将 4 种 dNTP 溶于水中，使终浓度均为 20 mmol/L，用2 mol/L

NaOH 调节 pH 到 8.0。

（4）1×TAE 缓冲液　取 50×TAE 缓冲液 20 mL，用去离子水定容至 1 000 mL。

（5）其他试剂　*Taq* DNA 酶、DNA 分子质量标准物等。

五、实验步骤

1. 合成引物

① 用 Primer 设计引物，有转录组数据的直接用转录组序列设计引物，没有转录组数据的找近源种设计简并引物，送生物公司合成。

② 将合成的正反引物加焦碳酸二乙酯（DEPC）水稀释到 20 μmol/L，在－20 ℃保存，待用。

2. 加样

① 取出无酶的 0.2 mL 离心管，加入以下样品：10×扩增缓冲液 5 μL、20 mmol/L 4 种 dNTP 混合液 1 μL、正向引物 1 μL、反向引物 1 μL、*Taq* DNA 酶 0.5 μL、重蒸水14.5 μL、DNA 模板 2 μL，总体积为 25 μL。

② 用涡旋振荡器混匀，并用微型 PCR 离心机离心 3～5 s。

3. PCR 扩增

① 按如下程序扩增，在 PCR 仪上设置好程序：95 ℃预变性 3 min；95 ℃变性 30 s、解链温度退火 30 s、72 ℃延伸 1 min，总共 30～35 个循环；72 ℃终延伸 5～10 min。产物于 12 ℃下保存。

② 配制 1%的琼脂糖凝胶。称 0.25 g 琼脂糖于 25 mL 1×TAE 缓冲液中，加热使之完全溶解，待不烫手时加入 EB 1 μL，铺胶。

③ 扩增程序完成，取出样品，进行电泳检测。

六、结果与分析

① 抽取扩增样品和 DNA 分子质量标准物各 5 μL 在 1%的琼脂糖凝胶孔中，通过电泳来分析扩增结果。电压 120 V，进行 30 min。

② 在紫外凝胶成像仪上用紫外光检测条带，根据 DNA 分子质量标准物条带标准来判断扩增片段的大小。

七、注意事项

① PCR 扩增仪上的程序一定要设置准确。

② 配制 1%的琼脂糖凝胶时加入的 EB 要完全混匀。

③ 配胶的制胶盒、托盘、加样梳必须用去离子水洗净晾干待用，否则会影响电泳效果。

④ 延伸时间应根据目的片段大小来确定，1 min 可以延伸 1 000 bp。

八、问题讨论

① 若电泳后用紫外凝胶成像仪检测到没有目的片段条带，退火温度是该升温还是降温？若电泳后用紫外凝胶成像仪检测到目的片段有杂带，退火温度是该升温还是降温？

② 若电泳后用紫外凝胶成像仪检测到目的片段不清晰，分析由哪些原因造成的。

实验十 Southern 印迹杂交

一、实验目的

① 学习 Southern 印迹杂交技术的基本原理。

② 掌握 Southern 印迹杂交实验的基本过程和操作。

二、实验原理

Southern 印迹杂交技术包括两个主要过程：一是将待测定核酸分子通过一定的方法转移并结合到一定的固相支持物（硝酸纤维素薄膜或尼龙膜）上，即印迹（blotting）；二是固定于膜上的核酸同位素标记的探针在一定的温度和离子强度下退火，即分子杂交过程。

将待检测的 DNA 分子用限制性内切酶消化后，通过琼脂糖凝胶电泳进行分离，继而将其变性并按其在凝胶中的位置转移到固相支持物上，固定后再与标记物标记的 DNA 探针进行反应，检测目的 DNA 片段中是否存在与探针同源的序列。如果待检物中含有与探针互补的序列，二者通过碱基互补的原理进行结合，游离探针洗涤后用自显影技术进行检测，从而显示出待检测的片段及其相对分子质量的大小。

三、实验材料

待测基因组 DNA。

四、主要仪器设备、耗材与试剂

1. 主要仪器设备与耗材 离心管、电泳仪、锥形瓶、烧杯、玻璃棒、凝胶成像系统、量筒、吸水纸、滤纸、玻璃板、烘箱、水浴锅、尼龙膜、移液枪、烘箱、瓷盘、枪头等。

2. 主要试剂

（1）20×SSC 缓冲液 取 3 mol/L NaCl 175.32 mL 和 0.3 mol/L 柠檬酸钠 88.26 mL 放入烧杯中，加水定容至 1 000 mL，用 NaOH 调 pH 到 7.0。

（2）洗涤缓冲液 取 0.13 mol/L 马来酸 2.32 mL、0.15 mol/L NaCl 1.75 mL 和 0.3% Tween20 0.6 mL 放入烧杯中，加水定容至 200 mL，用 NaOH 调 pH 至 7.5。

（3）变性溶液 取 1 mol/L NaCl 48.83 mL 和 0.5 mol/L NaOH 10 mL 放入烧杯中，加水定容至 500 mL。

（4）中和溶液 取 0.5 mol/L Tris 30.27 mL 和 3 mol/L NaCl 87.66 mL 放入烧杯中，加水定容至 500 mL，用 1 mol/L HCl 调 pH 至 7.4。

（5）1 mol/L Tris－HCl（pH 8.0） 称取 18.61 g Tris，溶于 80 mL 蒸馏水中，用 HCl 调 pH 至 8.0 后，用蒸馏水定容至 100 mL，高压灭菌，分装保存。

（6）0.5 mol/L TE 缓冲液 量取 1 mol/L Tris－HCl 5 mL、0.5 mol/L EDTA（pH 8.0）1 mL，用蒸馏水定容至 500 mL，调 pH 至 8.0 后，高压灭菌，分装保存。

（7）10% SDS 称取 10 g SDS 溶于 90 mL 蒸馏水中，68 ℃加热溶解，用 HCl 调 pH 至 7.2，定容至 100 mL。

（8）低严谨度洗膜液 将 20×SSC 用蒸馏水稀释成 2×SSC，加入 10% SDS，使其终浓度为0.1%。

（9）高严谨度洗膜液　将20×SSC用蒸馏水稀释成0.5×SSC，加入10% SDS，使其终浓度为0.1%。

（10）其他试剂　琼脂糖、DIG标记和检测试剂盒、限制性内切酶、6×上样缓冲液、预杂交液、杂交液、SYBR Gold染料、DNA分子质量标准物、TE缓冲液等。

五、实验步骤

1. 酶切和探针制备

（1）酶切　取样本，加入限制性内切酶，37 ℃酶切1 h左右，待样本酶切到适宜程度，即可终止反应。

（2）探针设计　设计引物，遵循引物设计原则。

2. 琼脂糖凝胶电泳分离待测DNA样品

① 制备琼脂糖凝胶。称取1.5 g琼脂糖放入锥形瓶，加入TE缓冲液150 mL，放入微波炉加热后冷却至50～60 ℃后，加6 μL SYBR Gold染料，浇板，室温冷却至凝固。

② 分子质量标准物（DIG标记）上样。

③ 取5 μL样品与上样缓冲液混匀后点到琼脂糖凝胶孔中，再取5 μL DNA分子质量标准物点到孔中，80 V电泳2 h左右，使DNA条带很好地分离。

④ 电泳结束后，在紫外灯下观察凝胶并拍照。

3. 电泳凝胶预处理

① 把凝胶浸没在变性溶液中，室温轻轻晃动15 min，并重复一次。

② 将凝胶浸在灭菌重蒸水中，室温轻轻晃动10 min。

③ 把凝胶浸在中和溶液中，室温轻轻晃动15 min，并重复一次。

④ 将凝胶放入20×SSC缓冲液中平衡至少10 min。

4. 转膜

① 裁剪一张大小合适的3 mm滤纸，用20×SSC缓冲液浸湿后，放在瓷盘上，两端浸入20×SSC缓冲液中，形成一个“桥”。

② 将滤纸裁剪到与凝胶等大，放在“桥”上，再将凝胶放在滤纸上（凝胶背面向上放置），切掉左上角，两者之间杜绝气泡。

③ 裁剪与凝胶等大的尼龙膜，放在凝胶上，利用玻璃棒使其平整，杜绝气泡。

④ 将3张与膜等大的滤纸放于膜上，再放20层吸水纸，在纸上放一平板，平板上放500 g左右的重物。

⑤ 用保鲜膜封闭四周，防止吸水纸通过接触凝胶的边缘从而接触平板造成液流的短路。

⑥ 室温下过夜转膜16 h以上，其间换纸2～3次。

⑦ 转膜完成后，把凝胶放在紫外灯下观察，确定转膜是否彻底，并标好序号、加样空位置和28S、18S的位置。

⑧ 将膜用2×SSC缓冲液短暂洗涤5 min，用滤纸吸干后，80 ℃烘箱烘干固定2 h，室温保存。

5. 探针标记

① 取待测样品1 μg，加重蒸水至16 μL。

② 沸水加热 10 min，使 DNA 变性，快速转到冰上冷却。

③ 混匀 DIG 探针，取 4 μL 放入变性的 DNA 中，混匀并微离心，37 ℃反应 20 h。

6. 预杂交 加入探针混合液于膜上，将膜放在干净的塑料瓶中，加入预杂交液，拧紧瓶盖，42 ℃适宜温度水浴 30 min（将预杂交液提前预热到 42 ℃）。

7. 杂交 将预杂交液从瓶中倒出，加入杂交液，68 ℃孵化 20 h，其间轻轻摇动。

8. 洗膜 将膜从瓶中取出，先用 2×SSC、0.1% SDS 洗涤两次，每次 2 min，再用 0.5×SSC、0.1% SDS 于 68 ℃洗涤两次，每次 15 min，并轻轻振荡数次。最后用 20 mL 洗涤缓冲液振荡洗涤 5 min。

9. 放射性自显影检测 在缓冲液中平衡 3 min，将膜与新鲜配制的显色溶液一起在黑暗中培育 16 h。当期望的点或条带达到理想的强度时，将尼龙膜转至 50 mL TE 缓冲液中 5 min，拍照记录结果。

六、结果与分析

根据拍照结果，观察条带情况并解释现象。

七、注意事项

① 引物的特异性要高。

② 酶切时间要合适，防止酶切不完全或酶切过度，要低压长时间电泳。

③ 转膜时注意防止气泡出现。

④ 探针在加入杂交液之前，一定要进行加热变性处理。

⑤ 膜与显色液反应时应严格避光，并随时注意条带情况。

⑥ 凝胶拍照时，越快越好。

八、问题讨论

① 什么是探针？写出几种探针标记方法。

② Southern 印迹杂交中转膜有哪些常用方法？

③ Southern 印迹杂交过程中为什么要封闭？

④ 简述 Southern 印迹的原理及应用。

第二部分　蛋 白 质

实验十一　氨基酸的纸层析

氨基酸的
理化常数

一、实验目的

① 通过本实验了解氨基酸纸层析法的原理。

② 掌握氨基酸纸层析法的操作方法。

二、实验原理

层析法又称色层分离法、色谱法，是一种分离、分析多组分混合物质的极有效的分析方法。

分配层析法是利用物质在两种不相混合溶剂中的分配系数不同而达到分离的目的。分配系数通常用 a 表示。在一定条件下，一种物质在某溶剂系统中的分配系数是常数。

$$a=\frac{\text{溶质在固定相中的浓度}\ (c_s)}{\text{溶质在流动相中的浓度}\ (c_i)}$$

纸层析法是以滤纸为载体（惰性支持物）的分配层析法。纸层析的溶剂由有机溶剂和水组成。由于滤纸纤维上有亲水性的羟基（亲水性的—OH 与水以氢键相连，因此滤纸可以吸附很多水分子，吸收的水分可以达到滤纸质量的22%，其中约有6%的水与纤维素形成复合物），通常把被吸附的一层水作为固定相，把有机溶剂作为流动相，因为有机溶剂与滤纸的亲和力弱，可以在滤纸的毛细管中自由流动。层析时，流动相流经支持物时，与固定相之间连续抽提，使物质在两相间不断分配而得到分离。分配的过程：一部分溶质随着流动相移动离开原处而进入无溶质区，并进行重新分配，即一部分溶质从流动相又进入固定相。随着流动相不断向前移动，溶质不断地在两相间进行可逆的分配，不断向前移动。在一定条件下，各种物质因其分配系数不同，在两相间的分配量不同：分配系数小的溶质在流动相中的分配量大，向前移动的速度快；而分配系数大的溶质在固定相中的分配量大，向前移动的速度慢。因此，将样品点在滤纸上（此点称为原点）进行展层，样品中的各种氨基酸在两相溶剂中不断进行分配。由于它们的分配系数不同，不同氨基酸随流动相移动的速率就不同，于是就将这些氨基酸分离开来，形成距离原点不等的层析点。

溶剂由下向上移动的纸层析，称为上行法；溶剂由上向下移动的纸层析，称为下行法。当用一种溶剂展层后，将滤纸转动90°再用另一溶剂展层，从而达到分离目的的方法称为双向纸法。

物质被分离后在纸层析图谱上的位置可用比移值（rate of flow，R_f）来表示。R_f 是指在纸层析中，从原点至氨基酸停留点（又称为层析点）中心的距离（X）与原点至溶剂前沿的距离（Y）的比值。

影响 R_f 值的因素很多，其中最主要的是分离物质的分配系数，而物质的分配系数是由以下几个因素决定的：

（1）物质的极性　水的极性很强，一般极性强的物质容易进入固定相，非极性的物质容易进入流动相。

（2）滤纸的质地以及被水分饱和程度　滤纸的质地必须均一、纯净、厚薄适当，具有一定的机械强度。

（3）溶剂的纯度、pH 和含水量　pH 和含水量的改变可使氨基酸和层析溶剂极性改变，R_f 值随之改变。

（4）层析的温度和时间　温度改变使溶剂中有机相含水量改变，R_f 值随之改变。当层析环境其他条件相同时，层析时间越短，R_f 值越小。

三、实验材料

绿豆芽或者黄豆芽。

四、主要仪器设备、耗材与试剂

1. 主要仪器设备与耗材　层析缸、层析滤纸（实验前发放）、直尺、线、夹子、铅笔、吹风机、回形针、剪刀、小刀、有刻度的毛细管（或者微量吸管）等。

2. 试剂制备

（1）标准氨基酸的制备　天冬氨酸（1 mg/mL）、丙氨酸（1 mg/mL）、谷氨酸（1 mg/mL）、色氨酸（1 mg/mL）的制备：以上每种氨基酸各称取 100 mg，分别用 100 mL 10％异丙醇溶解，即得所需浓度的氨基酸。天冬酰胺（2.5 mg/mL）的制备：称取250 mg 天冬酰胺，用 10％异丙醇溶解配制 100 mL。

（2）展层剂　正丁醇∶80％甲酸∶水＝15∶3∶2（体积比）。

五、实验步骤

1. 样品制备　称取黄豆芽下胚轴 50.0 g，用 80％乙醇按照 1∶2 比例打磨溶解，过滤（先用纱布过滤，再用滤纸过滤），用 80 ℃水浴锅加热蒸干，再用 50 mL 水溶解，滤纸过滤，备用。

2. 滤纸的准备

（1）单向层析纸准备　取 28 cm×28 cm 层析滤纸一张（注意：戴手套，不能用手直接接触），在对应的两边距纸一端 1.5～2 cm 处各画一直线，并在一端做记号，此段为点样线，另外一条线为层析时溶剂前沿达到的位置。在线上每隔一定距离画一小点作为点样的原点，共画 6 个点（6 个样品）。

（2）双向层析纸准备　取 28 cm×28 cm 层析滤纸一张（注意：戴手套，不能用手直接接触），在距每边 1.5～2 cm 处各画一条平行于纸边的垂线，以“井”字格下缘直线左端为点样原点，原点右手边为第一向，另一垂直方向为第二向。

3. 点样　氨基酸点样量以每种氨基酸含 5～20 μg 为宜。用毛细管吸取标准氨基酸、样品点于原点端（分批点完，点 2～3 次，干了后才能点下一次），直径不能超过 0.5 cm。为了使样品加速干燥，可在有加热装置的点样台上点样，或者用吹风机吹干，注意点样温度不能太高，以免温度过高，氨基酸遭到破坏。

为了消除盐酸的干扰，避免拖尾现象，可以将层析滤纸放入盛有氨水的层析缸中10 min，取出后放45 ℃烘箱中烘干，再进行层析。

点样面向外，将滤纸缝成筒状，纸的两侧边缘不能接触且要保持平行。

4. 层析　本实验采用上行法。

（1）单向层析　把展层剂倒入层析缸内（约1 cm高，用完后回收）。将滤纸放入层析缸中（画线端向下），注意滤纸勿与层析缸壁接触，点样点不能浸入溶剂，以免浸脱。盖上盖子，进行展层。当溶剂展层距滤纸上沿1～2 cm时，取出滤纸，用吹风机吹干，剪断连线，立即用铅笔描出溶剂前沿线。

（2）双向层析　按照上述单向层析方法，将点好标准氨基酸和样品的双向层析滤纸用第一向溶剂进行上行展层，到达前沿标志时立即取出并用吹风机吹干，剪去溶剂前沿以外的部分，然后将纸转90°，以同样的方法用第二向溶剂进行上行展层，当到达前沿标志时立即取出并用吹风机吹干。

5. 显色　为简化实验步骤，一般在展层剂中加入茚三酮（比例为每66.7 mL溶液中加入0.125 g茚三酮），将层析结束后的层析滤纸放于80 ℃烘箱中烘约10 min，即可显示各氨基酸的色斑。

如果展层剂中没有加茚三酮，则用喷雾器将0.25%的茚三酮显色剂均匀地喷在层析滤纸上，避免喷太多，用吹风机吹干或于60～65 ℃鼓风干燥箱中烘30 min，即可显示各氨基酸的色斑。

为了消除铵离子的影响，可以在展层后在滤纸上喷1%氢氧化钾的无水乙醇溶液，60 ℃烘15 min。

六、结果与计算

1. 单向层析　用铅笔描出显色的斑点中心与原点之间的距离和原点到溶剂前沿的距离，计算出各种已知和未知样品的R_f值，然后进行比较和鉴定。

2. 双向层析　R_f值由两个数值组成，需要把第一向和第二向中的R_f值分别计算出来，根据R_f值并借助各种氨基酸特有的颜色，分别与标准氨基酸对比，就可以鉴定为何种氨基酸，从而可知样品中所含氨基酸的种类。

七、注意事项

① 滤纸要保持清洁，操作时勿用手接触，要戴手套。点样斑点要尽量小，最大直径不超过0.5 cm，每次点样后用冷风吹干后再点第二次。

② 展开时点样点不要浸入有机溶剂中，至少要平衡0.5 h。

③ 显色时喷雾要均匀，若不均匀会将斑点（溶质）冲下来。

④ 展层剂必须新鲜配制并摇匀后才能使用。

八、问题讨论

① 如何用纸层析法对氨基酸进行定性和定量测定？

② 纸层析、柱层析、薄层层析和高效液相层析各有什么特点？

实验十二　氨基酸的纤维素薄层层析

一、实验目的

学习纤维素薄层层析的操作方法，掌握分配层析的原理。

二、实验原理

纤维素是一种惰性支持物，将其均匀地在玻璃板上涂布成一薄层，然后在此薄层上进行层析，即为纤维素薄层层析。支持物纤维素与水有较强的亲和力，但与有机溶剂亲和力较弱。层析时吸附在纤维素上的水是固定相，展层剂中的有机溶剂是流动相。当待分离的各种物质在固定相和流动相中的分配系数不同时，它们就能被分离开。分离的氨基酸采用茚三酮反应显色鉴定。

三、实验材料

萌发的绿豆芽或黄豆芽。

四、主要仪器设备、耗材与试剂

1. 主要仪器设备与耗材　烧杯、玻璃板（5 cm×20 cm×1 cm）、层析缸、毛细管、喷雾器、研钵等。

2. 试剂

（1）标准氨基酸溶液　氨基酸包括丙氨酸、色氨酸、谷氨酸、天冬酰胺，以 0.01 mol/L 盐酸分别将其配成 4 mg/mL 的溶液。

（2）展层剂　正丁醇（分析纯）：冰乙酸（分析纯）：水＝4：1：1（体积比）。

（3）显色剂　0.1％茚三酮-丙酮溶液。

（4）其他试剂　95％乙醇、纤维素粉（层析用）或微晶型纤维素（层析用）、羧甲基纤维素钠（黏合剂）等。

五、实验步骤

1. 氨基酸的提取　取刚萌发的绿豆芽或黄豆芽下胚轴 1.5 g，放入研钵中，加 95％乙醇 4 mL 及少量的石英砂，研成匀浆后，倒入离心管中 3 000 r/min 离心 15 min，上清液即为氨基酸提取液，用滴管将其小心地吸入点样瓶中备用。

2. 制板　取少量羧甲基纤维素钠（约 12 mg），置研钵中充分研磨，再称取纤维素粉 3 g 于研钵中研磨，再加入 14 mL 去离子水研磨成匀浆。将纤维素匀浆倒在洗净烘干的玻璃板上，轻轻振动，使纤维素均匀地分布在玻璃板上，水平放置风干，用前放入 100～110 ℃烘箱中活化 30 min。

3. 点样　用刀片将薄层板上薄层的左右各边削掉 0.5 cm，以防止“边缘效应”。在纤维素薄板上距一端 15 mm 处，用铅笔轻轻画出点样线，并标出点样点，点样点之间距离 1.3 cm。用毛细管或微量点样器吸取样品，在点样点处点样，样品斑点直径控制在 2 mm 左右。

4. 展层　将薄层板上点有样品的一端浸入已放展层剂的层析缸中，展层剂液面不能高于样品线。待展层剂扩散到距薄层板顶端 0.5～1 cm 时取出薄层板（需 1～2 h），用铅笔在前沿处做一记号后用吹风机吹干。

5. 显色　将显色剂喷雾在薄层板上，用热风吹数分钟（或置于 70～80 ℃烘箱中烘干），即可观察到蓝紫色的氨基酸斑点（脯氨酸例外，其为黄色斑点）。

六、结果与分析

用铅笔圈出氨基酸斑点，量出点样点到展层剂前沿的距离及各斑点中心到点样点之间的距离，并计算各氨基酸的 R_f 值。根据待测样品的 R_f 值与标准氨基酸的比较，可知样品中氨基酸的种类。

七、注意事项

① 在操作过程中，手必须洗净，只能接触薄层板上层边角；不能对着薄层板说话，以防唾液掉在板上。

② 配制展层剂时，要用纯溶剂，现用现配，以免放置过久其成分发生变化（酯化）。

实验十三　氨基酸的硅胶 G 薄层层析

一、实验目的

了解氨基酸薄层层析法的原理，学会使用硅胶薄板层析的方法和操作过程。

二、实验原理

薄层层析是将支持剂均匀地涂布在玻璃板上使其成薄层，将待分析的样品滴加到薄层板的一端，然后将点样端浸入适宜的展层剂中，在密闭的层析缸中展层的一种分离方法。由于各种氨基酸的理化性质不同，其在吸附剂表面的吸附能力各异。当展层剂在薄层板上移动时，点在薄层板上的样品中的组分就随着展层剂的移动而移动，使不同的氨基酸得以分离。

本实验应用硅胶作为固相支持物，用羧甲基纤维素钠作为黏合剂，以正丁醇和冰乙酸及水的混合液为展层剂，分离了的氨基酸采用茚三酮反应显色，通过测定样品中各分离斑点的 R_f 值，以分离和鉴别样品中氨基酸的成分。

三、实验材料

刚萌发的绿豆芽或黄豆芽。

四、主要仪器设备、耗材与试剂

1. 主要仪器设备与耗材　层析板、小烧杯、量筒、小尺子、吹风机、毛细管、层析缸、烘箱等。

2. 试剂

（1）氨基酸标准溶液（用异丙醇配制时加入少量 0.1 mol/L NaOH 溶液助溶）　0.01 mol/L

丙氨酸、0.01 mol/L 色氨酸、0.01 mol/L 谷氨酸、0.01 mol/L 天冬酰胺。

（2）展层剂　按 80∶10∶10 比例（体积比）混合正丁醇、冰乙酸及蒸馏水，临用前配制。

（3）0.1%茚三酮溶液　取茚三酮（分析纯）0.1 g 溶于无水丙酮（分析纯）至 100 mL。

（4）展层-显色剂　按照 10∶1 比例（体积比）混匀展层剂和 0.1%茚三酮溶液。

（5）其他试剂　硅胶 G、0.5%羧甲基纤维素钠、95%乙醇等。

五、实验步骤

1. 样品制备　取刚萌发的绿豆芽或黄豆芽下胚轴 1.5 g，放入研钵中，加 95%乙醇 4 mL及少量的石英砂，研成匀浆后，倒入离心管中 3 000 r/min 离心 15 min，上清液即为氨基酸提取液，用滴管小心吸入点样瓶中备用。

2. 制板

（1）调浆　称取硅胶 G 3 g，加 0.5%羧甲基纤维素钠 8 mL，调成均匀的糊状。

（2）涂布　在洁净、干燥的玻璃板上均匀涂层。

（3）干燥　将玻璃板水平放置，室温下放置 0.5 h，自然晒干。

（4）活化　70 ℃烘干 60 min。

3. 点样

（1）标记　用铅笔距底边 2 cm 水平线上均匀确定 6 个点样点并做好标记。每个样品间相距 1 cm。

（2）点样　用毛细管分别吸取丙氨酸、色氨酸、谷氨酸、天冬酰胺以及样品溶液，轻轻接触薄层表面点样。加样原点扩散直径不超过 2 mm。点样后用吹风机轻轻吹干，必要时可重复加样。

4. 层析　将薄层板点样端浸入展层-显色剂，展层-显色剂液面应低于点样线。盖好层析缸盖，上行展层。当展层-显色剂前沿离薄板顶端 2 cm 时，停止展层，取出薄板，用铅笔描出展层-显色剂前沿界限。

5. 显色　用热风吹干，或在 90 ℃下烘 30 min，即可显出各层斑点。

六、结果分析

计算 R_f 值，通过与标准氨基酸的 R_f 值比较，鉴定样品中氨基酸的种类。

七、注意事项

① 薄层层析的吸附剂硅胶的颗粒大小一般以通过 200 目筛孔为宜。如果颗粒太大，展开时展层-显色剂推进速度太快，分离效果不好；反之，颗粒太小，展开时太慢，斑点易拖尾，分离效果也不好。

② 点样的次数依照样品溶液的浓度而定。样品量太少，有的成分不易显示；样品量太多，易造成斑点过大，互相交叉或拖尾，不能得到很好的分离。点样后的斑点直径一般为 0.2 cm。

③ 整个层析过程中，避免用手接触层析板，必要时戴上手套。

④ 制备薄层板时要使其涂布均匀，表面平坦、光滑，无气泡。

⑤ 层析前展层-显色剂须先饱和一段时间，层析缸盖严，展层-显色剂不得浸过样品点。

实验十四　利用茚三酮溶液显色法测定植物组织氨基酸总量

一、实验目的

氨基酸是蛋白质的基本结构单位，也是蛋白质分解产物，植物吸收、同化的氮素主要以氨基酸和酰胺的形式进行运输。测定植物体不同部位游离氨基酸含量对于了解植物氮素代谢具有重要意义。茚三酮溶液显色法也可用于测定谷物、食品及饲料中的氨基酸总量。通过本实验，掌握茚三酮溶液显色法测定氨基酸含量的方法。

二、实验原理

茚三酮在弱酸性溶液中与α-氨基酸共热，引起氨基酸氧化脱氨脱羧反应，最后茚三酮与反应产物——氨和还原性茚三酮（hydrindantin）发生作用，生成紫色物质。其反应过程见图1。该紫色产物的最大吸收峰在570 nm，在一定浓度范围内，其颜色的深浅与氨基酸的含量成正比。据此，可用分光光度计测定反应产物的吸光度，根据标准曲线计算出样品中氨基酸的含量。脯氨酸与茚三酮反应生成黄色物质，须另行测定。

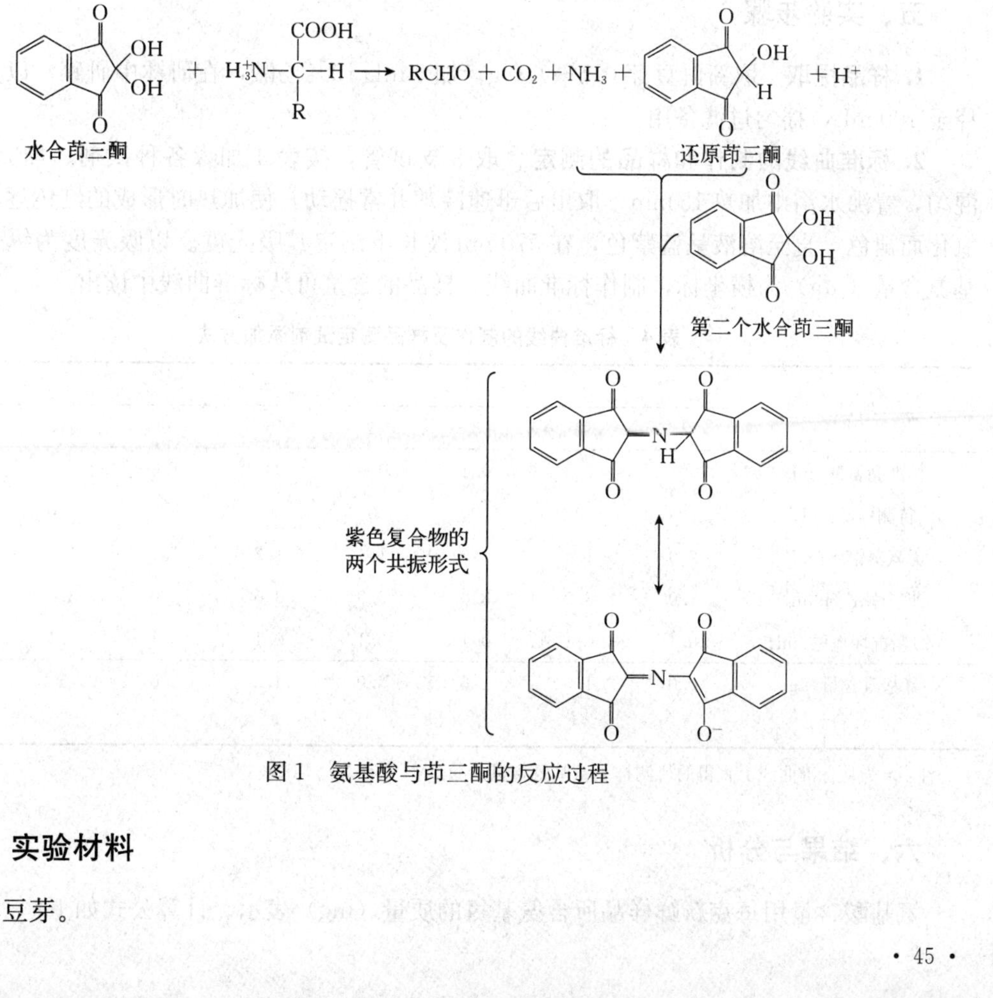

图1　氨基酸与茚三酮的反应过程

三、实验材料

新鲜豆芽。

四、主要仪器设备、耗材与试剂

1. 主要仪器设备与耗材 试管（20 mL）、研钵、小漏斗、容量瓶（100 mL）、刻度吸管（10 mL、2 mL、0.5 mL）、分光光度计、恒温水浴锅、分析天平等。

2. 主要试剂

（1）0.2 moL 乙酸-乙酸钠缓冲液（pH 5.4） 称取乙酸钠 54.4 g，加 100 mL 无氨蒸馏水，在电炉上加热至沸腾，使体积蒸发至原体积的一半，冷却后加 30 mL 冰乙酸，用无氨蒸馏水稀释至 100 mL。

（2）茚三酮试剂 取 0.6 g 茚三酮置于烧杯中，加 15 mL 正丙醇，搅拌使其溶解，再加 30 mL 正丁醇和 60 mL 乙二醇，最后加入 9 mL pH 5.4 0.2 moL/L 乙酸-乙酸钠缓冲液，混匀，贮于棕色瓶中，置冰箱中保存备用，10 d 之内有效。

（3）标准亮氨酸溶液 取亮氨酸 46.8 mg，溶于少量 10%异丙醇溶液中，并用 10%异丙醇定容至 100 mL（用 pH 5.4 0.2 moL/L 乙酸-乙酸钠缓冲液配制）。取上述亮氨酸溶液 5 mL，再用 pH 5.4 0.2 moL/L 乙酸-乙酸钠缓冲液定容至 50 mL，即为含氮量为 5 μg/mL 的标准液。

（4）0.1%抗坏血酸 称取 50 mg 抗坏血酸溶于 50 mL 无氨蒸馏水中，现用现配。

（5）其他试剂 10%乙酸、无氨蒸馏水等。

五、实验步骤

1. 样品提取 取新鲜豆芽 0.5～1.0 g，加 5 mL 10%乙酸，在研钵中研碎，以蒸馏水稀释至 100 mL，摇匀过滤备用。

2. 标准曲线的制作和样品的测定 取 8 支试管，按表 4 加入各种试剂。加完试剂后，混匀，置沸水浴中加热 15 min，取出后迅速冷却并常摇动，使加热时形成的红色逐渐被空气氧化而褪色，直至溶液呈蓝紫色，在 570 nm 波长下测定其吸光度。以吸光度为纵坐标，氨基氮含量（μg）为横坐标，制作标准曲线。样品的含量可从标准曲线中读出。

表 4 标准曲线的制作及样品测定试剂添加方法

项目	管号							
	1	2	3	4	5	6	7样	8样
标准亮氨酸/mL	0	0.2	0.4	0.6	0.8	1.0	0	0
待测样品/mL	0	0	0	0	0	0	1.0	1.0
无氨蒸馏水/mL	2.0	1.8	1.6	1.4	1.2	1.0	1.0	1.0
茚三酮试剂/mL	3.0	3.0	3.0	3.0	3.0	3.0	3.0	3.0
0.1%抗坏血酸/mL	0.1	0.1	0.1	0.1	0.1	0.1	0.1	0.1
氨基氮含量/μg	0.0	1.0	2.0	3.0	4.0	5.0	x	x
A_{570}								

注：x 为从标准曲线上查得的待测样品氨基氮含量。

六、结果与分析

氨基酸含量用每克新鲜样品所含氨基氮的质量（mg）表示。计算公式如下：

$$\text{氨基氮含量（mg/g）}=\frac{x\ (\mu g)\times\dfrac{\text{稀释总体积（mL）}}{\text{比色用体积（mL）}}}{\text{样品质量（g）}\times 10^3}$$

七、注意事项

① 茚三酮与氨基酸反应所生成的产物颜色在 1 h 内保持稳定，故稀释后应在 1 h 内测定吸光度。

② 该显色反应十分灵敏，需用无氨蒸馏水。

③ 空气中的氧干扰显色反应的第一步。以抗坏血酸为还原剂，可提高反应的灵敏度并使颜色稳定，但由于抗坏血酸也可与茚三酮反应，使溶液显色过深，故应严格掌握加入抗坏血酸的量。

④ 反应时的温度影响显色的稳定性，也可在 80 ℃的水浴中加热，适当延长反应时间以获得良好结果。但在沸水浴中加热时，溶液易褪色。

八、问题讨论

① 本实验测定氨基酸含量的原理是什么？

② 氨基酸与茚三酮反应非常灵敏，几微克氨基酸就能显色。由于蛋白质和多肽中的游离氨基也会产生同样反应，对于含大量蛋白质和多肽的样品应如何减少测定干扰？

实验十五　谷物种子中赖氨酸含量的测定

一、实验目的

赖氨酸是动物的必需氨基酸，必须从食物中摄取。然而在大多数谷物中赖氨酸的含量较低，成为食物中的营养限制氨基酸。因此，选育高赖氨酸含量的谷物新品种是现在新品种选育的目标之一。通过该实验，掌握用比色法测定谷物种子蛋白质中赖氨酸含量的原理和方法。

二、实验原理

蛋白质赖氨酸残基上的 $\varepsilon-NH_2$ 可与茚三酮试剂反应，生成蓝紫色物质。该物质在 530 nm下有最大光吸收，反应后颜色的深浅与蛋白质中赖氨酸的含量在一定浓度范围内呈线性关系，可用分光光度法测定。用已知浓度的游离氨基酸制作标准曲线，即可测定出样品中的赖氨酸含量。亮氨酸与赖氨酸所含碳原子数目相同，且与肽链中的赖氨酸残基一样含有一个氨基，所以经常用亮氨酸配制标准液。但由于这两种氨基酸分子质量不同，以亮氨酸为标准计算赖氨酸含量时，应乘以矫正系数 1.151 5，最后再减去样品中游离氨基酸含量。

三、实验材料

脱脂玉米粉或其他脱脂谷物种子。

四、主要仪器设备、耗材与试剂

1. 主要仪器设备与耗材　分析天平、分光光度计、恒温水浴锅、具塞试管、漏斗、三角瓶（50 mL）、容量瓶（100 mL）、研钵、刻度吸管（0.1 mL、1 mL、2 mL、5 mL）、沸水浴、具塞刻度试管（20 mL）等。

2. 主要试剂

（1）甲酸-甲酸钠缓冲液　称取30 g甲酸钠溶于60 mL热蒸馏水中，再加10 mL 88%甲酸，最后加水定容至100 mL。

（2）茚三酮试剂　称取1.00 g水合茚三酮和2.00 g氯化镉（$CdCl_2 \cdot H_2O$），放入棕色瓶内，加25 mL甲酸-甲酸钠缓冲液及75 mL乙二醇，室温下放置24 h使用。若瓶内出现沉淀，过滤后使用。该试剂放置不得超过48 h。

（3）100 μg/mL亮氨酸标准液　准确称取5 mg亮氨酸，溶解于1 mL 0.5 mol/L盐酸溶液中，加蒸馏水定容至50 mL。

（4）其他试剂　4% Na_2CO_3、95%乙醇等。

五、实验步骤

1. 标准曲线的制作　取6支试管按表5加入各种试剂，加塞后摇匀，置80 ℃水浴中显色30 min，然后用冷水冷却，再各加95%乙醇5 mL，摇匀，在波长530 nm下比色，以吸光度为纵坐标，亮氨酸含量为横坐标，绘出标准曲线作为定量依据。

表5　亮氨酸标准曲线的制作

项目	管号					
	1	2	3	4	5	6
100 μg/mL亮氨酸标准液/mL	0	0.2	0.4	0.6	0.8	1.0
蒸馏水/mL	1.0	0.8	0.6	0.4	0.2	0
4% Na_2CO_3/mL	1	1	1	1	1	1
茚三酮试剂/mL	2	2	2	2	2	2
亮氨酸含量/μg	0	20	40	60	80	100
A_{570}						

2. 样品的提取　准确称取两份各约300 mg的脱脂玉米粉，放入50 mL三角瓶内，加入约300 mg细石英砂和10 mL 4% Na_2CO_3、10 mL蒸馏水，充分振荡3～4 min，置80 ℃水浴中提取10 min。过滤备用。

3. 样品的测定　取2 mL提取液，然后加入2 mL茚三酮试剂，加盖摇匀，在80 ℃水浴中显色30 min。取出后用冷水冷却，各加95%乙醇5 mL，混匀，在530 nm处测定吸光度。如果颜色太深，加适量95%乙醇稀释后比色。

六、结果与分析

根据所测样品的吸光度在标准曲线上查出对应的亮氨酸含量，再按以下公式计算。

$$\text{赖氨酸含量} = \frac{\text{在标准曲线上查得亮氨酸含量（μg）} \times \text{稀释倍数} \times 1.1515}{\text{样品质量（mg）} \times 10^3} \times 100\% - \text{样品中游离氨基酸含量}$$

七、注意事项

① 样品需预先脱脂，以免干扰显色且使滤液混浊而影响比色。可用丙酮或石油醚或用索氏脂肪提取器脱脂。

② 用亮氨酸标准曲线计算赖氨酸含量时，乘以校正系数 1.151 5，再从最后的计算结果中减去游离氨基酸含量。各种谷物种子中游离氨基酸含量：玉米 0.01%，小麦 0.05%，水稻 0.01%，高粱 0.04%。

八、问题讨论

① 本实验测定赖氨酸含量的原理是什么？

② 如果要准确测定谷物中赖氨酸含量，在实验中应如何确定游离氨基酸的含量？

实验十六　玉米种子中色氨酸含量的测定

一、实验目的

学习用比色法测定谷物种子中色氨酸含量的原理和方法。

二、实验原理

色氨酸为必需氨基酸，蛋白质中的色氨酸在酸水解条件下可被破坏，但在强酸性和硝酸盐存在的条件下，色氨酸与二甲基氨基苯甲醛发生缩合反应，生成的希夫碱对二甲基氨基苯甲醛缩色氨酸为蓝色化合物（在 600 nm 波长处有最大光吸收），在一定浓度范围内，其颜色的深浅与色氨酸的含量呈线性关系，因此可用分光光度法进行定量测定。用已知浓度的色氨酸制作标准曲线，即可测定出样品中的色氨酸含量。

三、实验材料

玉米粉或小麦粉。

四、主要仪器设备、耗材与试剂

1. 主要仪器设备与耗材　恒温水浴锅、低速离心机、分光光度计、刻度吸管（0.5 mL、5 mL）、天平。

2. 主要试剂　21.4 moL/L 浓硫酸溶液、0.4%对二甲基氨基苯甲醛溶液（用 21.4 moL/L浓硫酸溶液配制）、1%亚硝酸钠及 0.04%亚硝酸钠溶液（现用现配）、100 μg/mL色氨酸标准液（以水配制，可加 1～2 滴硫酸助溶）、0.25%氢氧化钠溶液等。

五、实验步骤

1. 色氨酸标准曲线的制作　取 6 支试管，编号后按表 6 加入试剂。混匀后避光室温下放置 1.5 h，再加入 1 mL 0.04%亚硝酸钠溶液，混合后再放置 30 min，于波长 600 nm 下测定吸光度。以吸光度为纵坐标，色氨酸含量为横坐标，绘制标准曲线。

表 6　色氨酸标准曲线的制作

项目	管号					
	1	2	3	4	5	6
100 μg/mL 色氨酸标准液/mL	0	0.1	0.2	0.3	0.4	0.5
蒸馏水/mL	0.5	0.4	0.3	0.2	0.1	0
0.4%对二甲基氨基苯甲醛溶液/mL	4.5	4.5	4.5	4.5	4.5	4.5
色氨酸含量/μg	0	10	20	30	40	50
A_{600}						

2. 样品中色氨酸含量的测定

① 称取玉米粉（或小麦粉）0.5 g，加入 10 mL 0.25%氢氧化钠溶液。

② 40 ℃水浴中振荡 30 min，3 000～4 000 r/min 离心 10 min，保留上清液。

③ 取上清液 0.25 mL，加入 0.25 mL 水，混合后再加入 0.4%对二甲基氨基苯甲醛溶液 4.5 mL，混匀后避光室温下放置 1.5 h，再加入 1 mL 0.04%亚硝酸钠溶液，混合后再放置 30 min，于波长 600 nm 下测定吸光度。

六、结果与分析

根据所测样品的吸光度在标准曲线上查出对应的色氨酸含量，按以下公式计算样品中色氨酸的含量。

$$样品中色氨酸的含量=\frac{在标准曲线上查得的色氨酸含量（\mu g）}{样品质量（mg）\times 10^3}\times 100\%$$

七、注意事项

① 样品需预先脱脂，以免干扰显色且使滤液混浊而影响比色。

② 亚硝酸钠浓度要适当。

八、问题讨论

① 除本实验方法外，测定色氨酸含量还有什么方法？原理是什么？

② 测定谷物种子中色氨酸含量有什么意义？

实验十七　植物组织中脯氨酸含量的测定

一、实验目的

了解测定植物体内脯氨酸含量的意义和原理，掌握其测定方法。

二、实验原理

脯氨酸溶于磺基水杨酸后与茚三酮反应生成红色络合物，此络合物在 520 nm 有最大吸收值。红色深浅与脯氨酸含量呈线性关系，可用分光光度法定量测定脯氨酸含量。用已知浓度的脯氨酸制作标准曲线，即可测定出样品中的脯氨酸含量。

三、实验材料

新鲜植物样品。

四、主要仪器设备、耗材与试剂

1. 主要仪器设备与耗材　大试管、刻度吸管（2 mL、5 mL）、容量瓶（50 mL）、烧杯、具塞试管、注射器、分光光度计、恒温水浴锅等。

2. 主要试剂

（1）茚三酮试剂　称取 1.25 g 茚三酮溶于 30 mL 冰乙酸和 20 mL 6 mol/L 磷酸中，70 ℃加热搅拌，冷却后置于冰箱中，4 ℃条件下可保存 2 d。

（2）100 μg/mL 脯氨酸标准液　称取层析纯脯氨酸 25.0 mg，用水溶解后定容至 250 mL。

（3）其他试剂　3%磺基水杨酸溶液、冰乙酸、甲苯等。

五、实验步骤

1. 标准曲线的制作　取 7 个 50 mL 容量瓶编号，分别加入 0 mL、0.5 mL、1.0 mL、1.5 mL、2.0 mL、2.5 mL、3.0 mL 脯氨酸标准液，用水定容到 50 mL。取 7 支具塞试管，分别编为 1～7 号，按表 7 加入各种试剂。将上述 7 支试管置于沸水浴 30 min 后冷却至室温，各加 4 mL 甲苯萃取 0.5 min 后静置，待分层后用注射器吸上层红色溶液，在 520 nm 波长下测定吸光度。以脯氨酸含量为横坐标，吸光度为纵坐标，绘制标准曲线。

表 7　脯氨酸标准曲线的制作

项目	管号						
	1	2	3	4	5	6	7
脯氨酸标准液样液/mL	0	2	2	2	2	2	2
蒸馏水/mL	2	0	0	0	0	0	0
冰乙酸/mL	2	2	2	2	2	2	2
茚三酮试剂/mL	2	2	2	2	2	2	2
脯氨酸含量/μg	0	1	2	3	4	5	6
A_{520}							

2. 样品的处理　称取 0.1～0.5 g 植物样品放入研钵中，加入 5 mL 3%磺基水杨酸研磨成匀浆，匀浆转入离心管中，沸水浴 10 min，冷却后离心，上清液备用。

3. 样品中脯氨酸含量的测定　吸取样品液 2 mL 于具塞试管中，加入 2 mL 冰乙酸、2 mL茚三酮试剂，混匀后置沸水浴中 30 min，冷却至室温，再加 4 mL 甲苯萃取 0.5 min 后静置。待分层后用注射器吸上层红色溶液，在 520 nm 处测吸光度。

六、结果与分析

按每克新鲜样品所含脯氨酸的质量表示脯氨酸含量。

$$\text{脯氨酸含量}(\mu g/g)=\frac{\text{从标准曲线上查得的脯氨酸含量}(\mu g)\times\text{样品提取液总体积}(mL)}{\text{样品质量}(g)\times\text{测定用样品液体积}(mL)}$$

七、注意事项

① 配制的酸性茚三酮在 24 h 内稳定，最好现用现配。

② 用甲苯萃取时要萃取充分。

八、问题讨论

① 测定植物组织内游离脯氨酸的含量有什么意义？

② 除本实验方法外，脯氨酸提取还有什么方法？测定时应做哪些改变？

实验十八　蛋白质的盐析与透析

一、实验目的

学习用中性盐沉淀蛋白质的方法，掌握透析除盐的基本原理和操作。

二、实验原理

多数蛋白质是亲水胶体，当其稳定因素被破坏或与某些试剂结合成不溶解的盐后，即产生沉淀。蛋白质盐析是向蛋白质溶液中加入中性盐至一定浓度，蛋白质即沉淀析出的方法。此时蛋白质分子的结构未发生显著变化，除去引起沉淀的因素后，蛋白质沉淀仍能溶解于原来的溶剂中，并保持其天然性质而不变性。

蛋白质是大分子物质，它不能透过半透膜，而小分子物质可以自由透过半透膜。在分离提纯蛋白质的过程中，常利用透析的方法使蛋白质与其中夹杂的小分子物质分开，也可用透析的方法进行脱盐。

三、实验材料

新鲜鸡蛋。

四、主要仪器设备、耗材与试剂

1. 主要仪器设备与耗材　透析袋、烧杯、玻璃棒、电磁搅拌器、试管及试管架等。

2. 主要试剂

（1）卵清蛋白液　将除去卵黄的鸡蛋清用蒸馏水稀释 20～40 倍，2～3 层纱布过滤，滤液冷藏备用。

（2）蛋白质的氯化钠溶液　将卵清蛋白液 50 mL 用蒸馏水稀释至 1 000 mL，然后加入 500 mL 的饱和氯化钠溶液，混合后，用数层干纱布过滤。

（3）硫酸铵晶体　颗粒太大的硫酸铵晶体需要研碎成粉末。

（4）饱和硫酸铵溶液　用蒸馏水 100 mL 加硫酸铵至饱和。

（5）其他试剂　10%硝酸溶液、1%硝酸银溶液、10%氢氧化钠溶液、1%硫酸铜溶液等。

五、实验步骤

1. 蛋白质的盐析作用

① 取卵清蛋白液 5 mL，加入等量的饱和硫酸铵溶液（此时硫酸铵的浓度为 50%），轻微摇动试管，使溶液混合静置数分钟，球蛋白即析出（如无沉淀可再加少许饱和硫酸铵溶液）。

② 将上述混合液过滤，滤液中加硫酸铵粉末，边加边用玻璃棒搅拌，直至粉末不再溶解，析出物即为清蛋白，再加水稀释，观察沉淀是否溶解。

2. 蛋白质溶液透析脱盐

① 将透析袋浸湿，向透析袋中装入 10～15 mL 蛋白质的氯化钠溶液，用透析袋夹或线绳扎好透析袋，并放在盛有蒸馏水的烧杯中。

② 约 1 h 后，自烧杯中取水 1～2 mL，加入 10%硝酸溶液使其成酸性，再加入 10%硝酸银溶液 1～2 滴，检查氯离子的存在。

③ 不断更换烧杯中的蒸馏水，可用电磁搅拌器加速透析过程。数小时后，待从烧杯中的水中不再检出氯离子时，停止透析。

六、结果与分析

观察并分析蛋白质的盐析作用过程中的现象，分析蛋白质脱盐过程中的现象及应用到的原理。

七、注意事项

① 蛋白质盐析加入硫酸铵粉末时，边加边用玻璃棒搅拌，盐析的时间约 1 h。

② 蛋白质透析脱盐实验中，透析袋里装溶液后要留有一定的空隙，防止透析袋膨胀，但留的空隙也不能太大，防止外面较多的水分子进入透析袋中，稀释蛋白质溶液，影响蛋白质透析脱盐的效果。

八、问题讨论

① 蛋白质溶液为什么要进行脱盐？

② 蛋白质透析脱盐实验中，如何判断透析是否完成？有几种方法？

实验十九　微量凯氏定氮法测定蛋白质含量

一、实验目的

学习微量凯氏定氮法的原理，掌握微量凯氏定氮法的操作方法。

二、实验原理

生物材料的含氮量测定在生物化学研究中具有一定的意义，因为蛋白质的含氮量一般为 15%～17.6%，平均为 16%，即 1 g 氮相当于 6.25 g 蛋白质。测出氮含量乘以蛋白质的转化系数，即为蛋白质含量。生物材料总氮量的测定，通常采用微量凯氏定氮法。

凯氏定氮法具有准确度高、可测定不同形态样品两大优点，因而被认为是测定食品、饲料、种子、生物制品中蛋白质含量的标准分析方法。微量凯氏定氮法的整个过程如下：

1. 消化 有机物与浓硫酸共热，使有机氮全部转化为无机氮——硫酸铵。为了加快反应，添加硫酸铜和硫酸钾的混合物。硫酸铜为催化剂，硫酸钾可提高硫酸沸点。这一步骤需要30～60 min，视样品的性质而定。反应式如下：

$$\text{有机物（C、H、O、N、P、S）}+\text{浓} H_2SO_4 \longrightarrow (NH_4)_2SO_4+CO_2\uparrow+SO_2\uparrow+H_3PO_4$$

2. 加碱蒸馏 硫酸与浓 NaOH 作用生成 NH_4OH。NH_4OH 加热后生成 NH_3，其反应式如下：

$$(NH_4)_2SO_4+2NaOH \longrightarrow 2NH_4OH+Na_2SO_4$$

$$NH_4OH \longrightarrow NH_3\uparrow+H_2O$$

3. 吸收 用硼酸溶液收集氨，氨与溶液中的氢离子结合产生铵离子。

$$NH_3+4H_3BO_4 \longrightarrow NH_4HB_4O_7+5H_2O$$

4. 滴定 用标准盐酸吸收氨，所用盐酸的物质的量即为被吸收的 NH_3 的物质的量。此法为回滴法，采用甲基红为指示剂。

$$NH_4HB_4O_7+5H_2O+HCl \longrightarrow NH_4Cl+4H_3BO_4$$

根据 HCl 消耗的量计算出氮的含量，然后乘以相应的转换系数，即得蛋白质的含量，本法适用于氮含量为 0.2～2 mg 的样品的测定。

依据含氮量的测定原理，目前市场上已研发出全自动凯氏定氮仪，它可以自动化完成清洗、样品稀释、碱液与吸收液添加、蒸馏、滴定、计算和报告，具有操作安全、方便快捷、测定准确等优点，具有较高的分析效率。

三、实验材料

卵清蛋白液。

四、主要仪器设备、耗材与试剂

1. 主要仪器设备与耗材 微量凯氏定氮仪、移液管、微量滴定管、烧杯、量筒、三角瓶、凯氏烧瓶、消化炉和分析天平等。

2. 主要试剂

（1）催化剂 硫酸铜∶硫酸钾＝1∶4（质量比），混合后研细。

（2）指示剂 0.1%的甲基红乙醇溶液。

（3）其他试剂 浓硫酸、2%硼酸溶液、氢氧化钠饱和溶液、0.01 mol/L 盐酸标准溶液、标准硫酸铜等。

五、实验步骤

1. 消化 将两个 50 mL 凯氏烧瓶编号，一个烧瓶内加 1.0 mL 蒸馏水，作为空白；另一个烧瓶内加入 1.0 mL 卵清蛋白液。然后各加硫酸铜-硫酸钾混合物约 200 mg，以及浓硫酸 2 mL，所有试剂尽量加到凯氏烧瓶的底部。烧瓶口插一小漏洞（作冷凝用），将烧瓶置于通风橱内的消化架或电炉上加热消化。开始时应控制火力，勿使瓶内液体冲至瓶颈，待瓶内水汽蒸完，硫酸开始分解释放出二氧化硫白烟后，适当加强火力，直至消化液透明并呈淡绿色为止（2～3 h）。室温放置冷却，准备蒸馏。

2. 蒸馏器的洗涤　按仪器说明安装凯氏定氮仪（图 2），蒸汽发生器内装入蒸馏水至总体积2/3处，加入 1 mL H_2SO_4 和几粒沸石。加热后，产生的蒸汽经贮液管、反应室至冷凝管，冷凝液流入接收瓶。每次使用前，需用蒸汽洗涤 10 min 左右。将一只盛有5 mL 2%硼酸溶液和 1～2 滴指示剂的锥形瓶置于冷凝管下端，使冷凝管管口插入液体中，继续蒸馏 1 min，若硼酸溶液颜色不变，表明仪器已洗净。

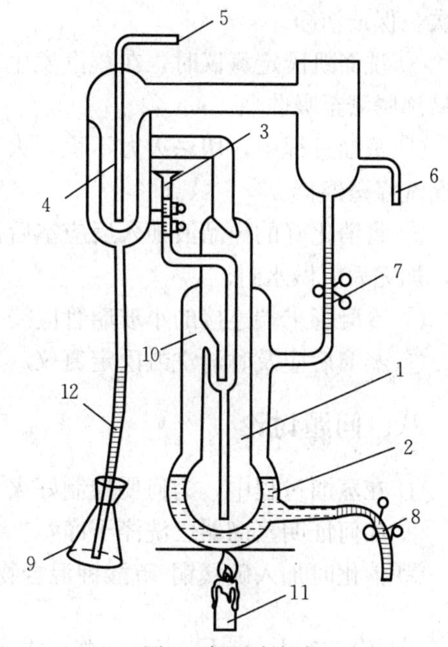

图 2　凯氏定氮仪

1. 反应室　2. 蒸汽发生器　3. 加样口　4. 冷凝器　5. 冷凝水入口　6. 冷凝水出口　7. 蒸汽发生器进水口　8. 废水排出口　9. 接收瓶　10. 反应废液排出口　11. 加热装置　12. 连接管

3. 蒸馏　量取 2%硼酸溶液 10 mL 于接收瓶中，加入混合指示剂 2 滴，置入冷凝管下端。样品消化液由加样口注入反应室，用蒸馏水洗涤凯氏烧瓶和加样口，再加入饱和 NaOH 溶液5 mL，立即关闭加样口，并加入少量蒸馏水，水封加样口，以防漏气。夹紧反应室下口，将冷凝管管口置于接收瓶内硼酸液面下，开始蒸馏，当水蒸气吹入反应室时，准确计时，反应 3 min 后，使接收瓶下降，将滴管移开硼酸液面，再继续蒸馏 1 min，用蒸馏水冲洗滴管外口，移开三角瓶，准备滴定。

4. 滴定　全部蒸馏完毕后，用 0.01 mol/L 盐酸标准溶液滴定各接收瓶内收集的氨，直至混合指示剂由绿色变成淡紫色，即为滴定终点，记录滴定所用标准盐酸溶液的体积。

六、结果与分析

$$m=\frac{c\times (V_1-V_2)\times 14\times 100}{V}$$

式中：m——100 mL 样品中含氮质量，mg；

V_1——滴定样品消耗的 HCl 标准溶液体积，mL；

V_2——滴定空白消耗的 HCl 标准溶液体积，mL；

V——相当于未稀释前样品的体积，mL；

c——盐酸物质的量浓度，mol/L；

14——氮的相对原子质量；

100——100 mL 样品。

计算所得结果为样品总含氮量，如欲求得样品中蛋白氮含量，应将总氮量减去非蛋白氮即得。如欲进一步求得样品中蛋白质的含量，即用样品蛋白氮含量乘以 6.25 即得。

七、注意事项

① 检查凯氏定氮仪各连接处，保证不漏气。

② 所用橡皮管和塞子须浸在10% NaOH溶液中，煮沸约10 min。水洗，水煮，再水洗数次，保证洁净。

③ 洗涤凯氏定氮仪时，在蒸汽发生器中加入的冷水应适量。冷水太少易蒸干，冷水太多易沸腾溅至吸收瓶。

④ 蒸馏过程中，切忌火力不稳，火力不稳将发生倒吸现象。如果发生倒吸现象，必须再次洗涤蒸馏器。

⑤ 将消化好的样品液加入反应室后，应缓慢小心加入NaOH饱和溶液，加样口不能常开，加完后应做水封。

⑥ 冷凝管末端连接的小玻璃管应浸于硼酸-指示剂混合液液面下1～2 cm处。

⑦ 蒸馏后应及时清洗凯氏定氮仪。

八、问题讨论

① 在蒸馏过程中，为何要控制好火力？

② 如何证明蒸馏器已洗涤干净？

③ 消化时加入硫酸铜-硫酸钾混合物的作用是什么？

实验二十 Folin-酚试剂法（Lowry法）测定蛋白质含量

一、实验目的

学习并掌握Folin-酚试剂法快速测定蛋白质含量的方法。

二、实验原理

Folin-酚试剂由甲试剂和乙试剂组成，其作用于蛋白质，生成有色物质，从而测定蛋白质含量。蛋白质分子含有大量彼此相连的肽键（—CO—NH—），碱性条件下与Cu^{2+}发生双缩脲反应，生成的紫红色络合物（蛋白质-Cu^{2+}复合物）在540 nm处的吸光度与蛋白质的含量在10～120 g/L范围内呈良好的线性关系。Folin-酚试剂在碱性条件下极不稳定，蛋白质-Cu^{2+}复合物中所含的酪氨酸残基还原Folin-酚试剂中的磷钼酸和磷钨酸，生成蓝色的化合物，蓝色的深浅与蛋白质含量呈正相关，但是其他酚类物质及柠檬酸对此反应有干扰，应尽量去除干扰。

三、实验材料

面粉或者其他新鲜样品。

四、主要仪器设备、耗材与试剂

1. 主要仪器设备与耗材 分析天平、容量瓶、试管、移液管、分光光度计、水浴锅、离心机、离心管、研钵等。

2. 主要试剂（纯度均为分析纯）

（1）0.4 mol/L NaOH 称取16 g NaOH，用适量水溶解后定容至1 000 mL。

（2）试剂甲

A液：称取10 g Na_2CO_3、2 g NaOH和0.25 g酒石酸钾钠，用蒸馏水溶解后定容至500 mL。

B液：称取0.5 g $CuSO_4 \cdot 5H_2O$，用蒸馏水溶解后定容至100 mL。

将A液与B液按50∶1的体积比配制，即为试剂甲，其有效期为1 d，过期失效。

（3）试剂乙　将100 g钨酸钠（$Na_2WO_4 \cdot 2H_2O$）、700 mL蒸馏水、50 mL 85%磷酸和100 mL浓盐酸充分混匀，注入1.5 L的磨口回流器中，接上回流冷凝管，以小火回流10 h。回流结束后，加入150 g硫酸锂、50 mL蒸馏水及数滴液体溴，开口继续沸腾15 min，去除过量的溴，冷却后溶液呈黄色（倘若仍呈绿色，再滴加数滴液体溴，继续沸腾15 min）。冷却后用蒸馏水稀释至1 L，过滤，滤液置于棕色试剂瓶中保存，使用前约加水稀释1倍，使最终浓度相当于1 mol/L。

（4）标准牛血清白蛋白溶液　在分析天平上精确称取0.025 0 g结晶牛血清白蛋白，倒入小烧杯内，用少量蒸馏水溶解后转入100 mL容量瓶中，烧杯内的残液用少量蒸馏水冲洗数次，冲洗液一并倒入容量瓶中，用蒸馏水定容至100 mL，即配成250 μg/mL的牛血清白蛋白溶液。

另外，可以购买Folin-酚蛋白测定试剂盒。

五、实验步骤

1. 标准曲线的制作　取6支普通试管，按表8加入标准浓度的牛血清白蛋白溶液和蒸馏水，配成一系列不同浓度的牛血清白蛋白溶液，做两组平行。然后各加5 mL试剂甲，混合后在室温下放置10 min，再各加0.5 mL试剂乙，立即混合均匀（这一步速度要快，否则会使显色程度减弱）。30 min后，以不含蛋白质的1号试管为对照，用分光光度计于650 nm波长下测定各试管中溶液的吸光度并记录结果。

表8　牛血清白蛋白标准曲线制作

项　目	试管号					
	1	2	3	4	5	6
250 μg/mL牛血清白蛋白/mL	0	0.2	0.4	0.6	0.8	1.0
蒸馏水/mL	1	0.8	0.6	0.4	0.2	0
蛋白质含量/μg	0	50	100	150	200	250

以牛血清白蛋白含量（μg）为横坐标，以吸光度平均值为纵坐标，绘制标准曲线。

2. 样品的制备及测定

（1）称取面粉0.15 g，置于大试管中（为了防止管壁黏到面粉影响实验结果，用长条状的纸将面粉直接送到试管底部），加入4 mL 0.4 mol/L NaOH溶液在90 ℃下提取15 min，冷却后定容到100 mL容量瓶中，用干燥漏斗和滤纸过滤于小烧杯中，滤液即为待测液。

（2）如果是鲜样（如绿豆芽或者黄豆芽），准确称取其下胚轴5 g，放入研钵中，加蒸馏水2 mL，研磨成匀浆。将匀浆转入离心管中，并用3～4 mL蒸馏水分次将研钵中的残渣洗入离心管，4 000 r/min离心20 min。将上清液转入50 mL容量瓶中，用蒸馏水定容至刻度，作为待测液备用。

3. 比色测定　取2支干净的试管，一支加入1 mL待测液，一支加入1 mL蒸馏水作空白对照，分别加入 5 mL 试剂甲，混匀后放置 10 min，各加 0.5 mL 试剂乙，迅速混匀，室温放置 30 min，于 500 nm 波长下测定吸光度，并记录数据。

六、结果及计算

蛋白质含量按下式计算：

$$蛋白质含量=\frac{C\times N}{m\times 10^6}\times 100\%$$

式中：C——查标准曲线所得样品中蛋白质含量，μg；

N——稀释倍数（面粉样品 N 为 100，鲜样 N 为 50）；

m——样品质量，g。

七、注意事项

进行测定时，加 Folin-酚试剂要特别小心，因为 Folin-酚试剂仅在酸性 pH 条件下稳定，但此实验的反应是在 pH10 的情况下发生，所以当加试剂乙（Folin-酚试剂）时，必须立即混匀，以便在磷钼酸-磷钨酸试剂被破坏之前即能发生还原反应，否则会使显色程度减弱。

八、问题讨论

① 含有什么氨基酸的蛋白质能与 Folin-酚试剂呈蓝色反应？

② 测定蛋白质含量除 Folin-酚试剂显色法以外，还可以用什么方法？

实验二十一　考马斯亮蓝法测定植物组织中可溶性蛋白质含量

一、实验目的

植物组织中含有一定数量的可溶性蛋白质，在植物的不同器官、不同生育期及不同的生长状态，其含量差异较大，因此，测定植物组织中可溶性蛋白质含量对于了解植物的总体代谢状况具有重要意义。通过本实验，掌握用考马斯亮蓝法测定植物组织中可溶性蛋白质含量的原理和方法。

二、实验原理

考马斯亮蓝法测定蛋白质含量属于染料结合法的一种。考马斯亮蓝 G-250 在游离状态下呈红色，在稀酸溶液中，当它与蛋白质结合后变为蓝色，在 595 nm 处有最大吸收峰。在一定浓度范围内（0～100 μg/mL），颜色深浅与蛋白质含量成正比，其结合物在室温下 1 h 内保持稳定，故可用比色法进行蛋白质含量的测定。该反应快速、灵敏（可测微克级），易于操作，干扰物少，是一种较好的蛋白质定量方法。

三、实验材料

新鲜的植物组织，如根、茎、叶等。

四、主要仪器设备、耗材与试剂

1. 主要仪器设备与耗材　分光光度计、天平、研钵、漏斗及支架、容量瓶、移液管、试管等。

2. 主要试剂

（1）考马斯亮蓝 G-250　称取 100 mg 考马斯亮蓝 G-250，溶于 50 mL 95%乙醇中，加入 850 g/L 磷酸 100 mL，最后用蒸馏水定容至 1 000 mL，贮存于棕色瓶中，常温下可放置 30 d。

（2）牛血清白蛋白标准溶液（100 μg/mL）　准确称取牛血清白蛋白 100 mg，用少量蒸馏水溶解，并定容至 1 000 mL，即为蛋白质标准液，贮存于 4 ℃冰箱中。

（3）其他试剂　95%乙醇、850 g/L 磷酸等。

五、实验步骤

1. 制作标准曲线　取干燥、洁净的试管 6 支，依次加入蛋白质标准液（100 μg/mL）0 mL、0.2 mL、0.4 mL、0.6 mL、0.8 mL、1.0 mL 和蒸馏水 1.0 mL、0.8 mL、0.6 mL、0.4 mL、0.2 mL、0 mL，（即每管含 0 μg、20 μg、40 μg、60 μg、80 μg、100 μg 蛋白质），再向各管加考马斯亮蓝 G-250 溶液各 5 mL，摇匀，放置 2 min 后，在 595 nm 波长下比色，记录吸光度值。以吸光度为纵坐标，蛋白质含量为横坐标，绘制标准曲线。

2. 样品中可溶性蛋白质的提取　称取植物鲜样 2 g，剪碎放入研钵中，加入少量石英砂和蒸馏水，研磨至匀浆，定容至 100 mL，静置 10 min，过滤，滤液即提取液，备用。

3. 蛋白质浓度的测定　取干燥、洁净的试管 2 支，各加提取液 1 mL 和考马斯亮蓝 G-250 溶液 5 mL，摇匀，静置 2 min 后在 595 nm 波长下比色，记录吸光度值。

六、结果与分析

根据吸光度值，通过标准曲线查得提取液中蛋白质含量。按下列公式计算样品中蛋白质含量。

$$\text{样品中蛋白质含量（mg/g）}=\frac{C\times V}{m\times 1\,000\times V_1}$$

式中：C——从标准曲线上查得的可溶性蛋白质含量，μg；

V——提取液总体积，mL；

m——样品质量，g；

V_1——测定用提取液体积，mL。

七、注意事项

① 如果样品提取液中含有色素影响比色效果，可以在过滤前用活性炭进行脱色。

② 如果样品提取液中可溶性蛋白质含量太高，可稀释提取液后重新测定，但不能稀释已经显色的反应液。

八、问题讨论

① 测定植物体内的可溶性蛋白质含量有什么意义？

② 除了考马斯亮蓝染色法外，还有哪些方法可以测定可溶性蛋白质的含量？

实验二十二　SDS-聚丙烯酰胺凝胶电泳法测定蛋白质的相对分子质量

一、实验目的

学习SDS-聚丙烯酰胺凝胶电泳法测定蛋白质相对分子质量的基本原理和技术。

二、实验原理

聚丙烯酰胺凝胶电泳测定蛋白质相对分子质量的方法，主要是根据各蛋白质组分的电泳迁移率的差别。在聚丙烯酰胺凝胶系统中，加入一定量的SDS后，蛋白质分子的电泳迁移率主要取决于它的相对分子质量大小，而其他因素对电泳迁移率的影响几乎可以忽略不计。当蛋白质的相对分子质量为15 000～200 000时，电泳迁移率与相对分子质量的对数呈线性关系，符合下列公式：

$$\lg M_r = -b \times R_f + K$$

式中，M_r 为蛋白质相对分子质量，R_f 为迁移率，b 为斜率，K 为截距。在条件一定时，b 和 K 均为常数。将已知相对分子质量的标准蛋白质的迁移率对相对分子质量的对数作图，可获得一条标准曲线。未知蛋白质在相同条件下进行电泳，根据它的电泳迁移率即可在标准曲线上求得相对分子质量。

采用SDS-聚丙烯酰胺凝胶电泳法测定蛋白质的相对分子质量，具有简便、快速、重复性好的优点，只需要简单的仪器设备和几微克的蛋白质样品，因此，用SDS-聚丙烯酰胺凝胶电泳测定蛋白质相对分子质量已得到非常广泛的应用。

三、实验材料

蛋白质样品。

四、主要仪器设备、耗材与试剂

1. 主要仪器设备与耗材　电泳仪、垂直板型电泳槽、制胶架、玻璃板、微量移液器、加样梳、培养皿、脱色摇床等。

2. 主要试剂

（1）30%凝胶贮备液　称取29.2 g丙烯酰胺（Acr）、0.8 g亚甲基双丙烯酰胺（Bis），加重蒸水溶解并至100 mL，外包锡纸或保存于棕色瓶内，4 ℃保藏。

（2）分离凝胶缓冲液　称取18.17 g Tris，加80 mL重蒸水溶解，用1 mol/L HCl调pH至8.7，定容至100 mL，4 ℃保藏。

（3）浓缩胶缓冲液　称取6.06 g Tris，加80 mL重蒸水溶解，用1 mol/L HCl调pH至6.8，定容至100 mL，4 ℃保藏。

（4）10% SDS　称取10 g SDS，用重蒸水溶解并定容至100 mL。

（5）电极缓冲液（pH 8.3）　称取1 g SDS、3 g Tris、14.4 g甘氨酸，加重蒸水溶解稀释至1 000 mL。

（6）10%过硫酸铵　称取1 g过硫酸铵，用重蒸水溶解并定容至10 mL，现用现配，

4 ℃可保存 1 周。

（7）样品溶解液 量取 0.05 mol/L pH 8.0 的 Tris - HCl 缓冲液 2 mL、10% SDS 2 mL、巯基乙醇 0.5 mL、甘油 2 mL，加溴酚蓝少许，混匀，用重蒸水定容至 10 mL。

（8）固定液 量取 50%甲醇溶液 454 mL 和冰乙酸 46 mL，混匀。

（9）染色液 称取 0.25 g 考马斯亮蓝 R - 250，加上述固定液 500 mL，用滤纸过滤后使用。

（10）脱色液 量取甲醇 50 mL、冰乙酸 75 mL，加重蒸水定容至 1 000 mL。

（11）其他试剂 标准相对分子质量的蛋白质（根据待测蛋白质相对分子质量的大小，选择 4～6 种已知相对分子质量的蛋白质纯品作为标准蛋白质）、甘氨酸、Tris、HCl、SDS、丙烯酰胺、TEMED、巯基乙醇、过硫酸铵（AP）、丙烯酰胺（Acr）、亚甲基双丙烯酰胺（Bis）、甲醇、乙醇、乙酸、三氯乙酸、考马斯亮蓝 R - 250 等。

五、实验步骤

1. 凝胶板的制备 SDS -不连续系统垂直凝胶板的制备步骤：

（1）制板 选取洗净烘干的两套玻璃板（其中带有密封边条的两块，带有凹槽的两块），将其底端和两边对齐，垂直放在制胶架上，制胶架上的胶条将玻璃板底部封闭，两块玻璃板之间形成约 1 mm 厚的缝隙，即可灌胶。

（2）配胶 根据所测蛋白质相对分子质量范围，选择某一合适的分离胶浓度，按照表 9 所列的凝胶浓度、试剂用量和加样顺序，配制某一合适浓度的凝胶，配胶时一定要按表中的顺序加入各种试剂，当加入过硫酸铵溶液后，快速混匀。

表 9 不连续系统各种浓度分离胶的配制

试 剂	凝胶浓度				
	7%	10%	12%	15%	18%
凝胶贮备液/mL	3.5	5.0	6.0	7.5	9.0
分离胶缓冲液/mL	3.8	3.8	3.8	3.8	3.8
重蒸水/mL	7.5	6.0	5.0	3.5	2.0
10% SDS/mL	0.15	0.15	0.15	0.15	0.15
TEMED/μL	30	30	30	30	30
10% AP/μL	30	30	30	30	30

（3）分离胶注入和聚合 用滴管将胶溶液加入玻璃板之间的缝隙内，胶面距矮玻璃板 1.0 cm 左右的高度为止，然后缓慢在胶面上注入 1 cm 高度的蒸馏水进行水封。水封的目的是隔绝空气中的氧，并消除凝胶表面的弯月面，使凝胶板顶部的表面平坦，水层放好后，静置凝胶液进行聚合反应 30～60 min，可以看到水与凝固胶面之间有折射率不同的分界线，表明胶已凝固。将胶面上的水倒出，可用无毛边的滤纸条吸去残留的水溶液，滤纸不要接触分离胶的胶面。

（4）浓缩胶的注入和聚合 按表 10 选择合适浓度的浓缩胶，按比例加入各种试剂后混合均匀。用滴管将浓缩胶溶液加入玻璃板之间的缝隙内，胶面距矮玻璃板 0.2 cm 处为宜。立即插上加样梳静置聚合。30 min 左右，浓缩胶聚合，轻轻拔出加样梳，在浓缩胶上出现排列整齐的加样孔。

表10 不连续系统浓缩胶各种浓度的配制

试 剂	凝胶浓度		
	3%	4%	5%
凝胶贮备液/mL	0.50	0.70	0.85
浓缩胶缓冲液/mL	0.7	0.7	0.7
重蒸水/mL	3.75	3.55	3.30
10% SDS/μL	50	50	50
TEMED/μL	10	10	10
10% AP/μL	15	15	15

2. 蛋白质样品的处理

(1) 标准蛋白质样品的处理　称取标准蛋白质样品各1 mg左右，分别放入1.5 mL离心管中，加入样品溶解液，使终浓度为1.0～1.5 mg/mL。待样品充分溶解后轻轻盖上盖(不要盖紧，以免加热时迸出)，在100 ℃的沸水浴中保温2 min，取出冷却至室温，离心后备用。

(2) 待测蛋白质样品的处理　若待测蛋白质样品是固体，则与标准蛋白质样品处理的方法相同；若待测样品为液体，将待测样品与样品溶解液等体积混匀，然后在100 ℃的沸水浴中保温2 min。若待测样品浓度太低则需事先浓缩；若待测样品浓度太高则需先行稀释，再进行上述处理。处理好的样品溶液可以置入−20 ℃冰箱保存较长时间，使用前在100 ℃沸水浴中加热1 min，以除去可能出现的亚稳态聚合物。

3. 加样　将玻璃板从制胶器上取出，安装到电泳槽上，两套玻璃板的矮玻璃板朝内，形成负极槽，加入电极缓冲液，至没过两块矮玻璃板。

用微量移液器将样品液加到上样孔内，每孔15～20 μL。加样时，枪头伸入加样孔的内部，但不要碰到胶面，缓慢加入样品液，因样品液相对密度较大，因而会自动沉降在加样孔内，注意样品液不要溢出加样孔。

4. 电泳　在电泳槽外壳内加入电极缓冲液至没过电极丝，此为正极。

盖上电泳槽的盖子，电极线分别与电泳仪电源的正负极输出相连。打开电泳仪开关，选择恒压或恒流进行电泳。如果选择恒压，样品在浓缩胶时选择恒压100 V，待样品进入分离胶以后，将电压调到150 V。如果选择恒流，一般首先选择恒流15～20 mA，当样品进入分离胶后，再调节电流至40～50 mA。

待溴酚蓝指示剂迁移至距凝胶底部0.5 cm处时停止电泳。

5. 剥胶和固定　电泳结束后，取下凝胶板，准备好染色用的培养皿。用直尺插入两块玻璃板之间，轻轻旋转一个角度，撬开两块玻璃板，此时凝胶留在其中一块玻璃板上，在胶的一端切下一角，以标记点样顺序，然后用水缓慢冲洗凝胶，直到凝胶从玻璃板上脱离。先将胶置于培养皿内，用固定液没过凝胶板固定30 min。

6. 染色　弃去固定液，加入染色液。室温染色2 h以上(也可在微波炉内中火加热30 s后，置于摇床上染色30 min左右)。

7. 脱色　染色完毕，倾出染色液并回收，用自来水洗去凝胶表面的浮色，加入脱色液，在脱色摇床上脱色。其间更换脱色液，直至凝胶的蓝色背景褪净、蛋白质条带清晰为止。

8. 扫描　脱色后的凝胶可以用扫描仪扫描电泳图谱。

六、结果与分析

迁移率 R_f 的计算方法如下：用直尺分别量出样品区带中心及溴酚蓝指示剂距凝胶顶端的距离，然后计算出每一种蛋白质的 R_f 值。按下式计算：

$$R_f=\frac{\text{样品迁移距离（cm）}}{\text{染料迁移距离（cm）}}$$

以标准蛋白质的迁移率为横坐标，标准蛋白质相对分子质量的对数值为纵坐标，绘制蛋白质相对分子质量的标准曲线。根据待测蛋白质与标准蛋白质在同样电泳条件下的迁移率，从标准曲线上查出待测蛋白质的相对分子质量。

七、注意事项

① 制胶前应确保玻璃板、加样梳、制胶架和电泳槽等器材的清洁。

② 凝胶配好后应迅速混匀并及时灌胶，否则凝胶会发生凝结。灌胶的速度不宜太快，不能有气泡，以免影响分离效果。

③ 浓缩胶高度应满足梳齿的深度，以免加样孔太浅而造成样品溢出。

④ Acr、Bis 均为神经毒剂，对皮肤有刺激作用，操作时应戴防护手套。

⑤ 为了更好地散热，可以将电泳槽放在 4 ℃的冷藏柜内操作。

八、问题讨论

① SDS-聚丙烯酰胺凝胶电泳法测定蛋白质的相对分子质量的原理是什么？

② 电极缓冲液中甘氨酸的作用是什么？

③ 若待测蛋白质是由多亚基组成的，能否用 SDS-聚丙烯酰胺凝胶电泳法测定其相对分子质量？为什么？

④ 样品溶解液中的甘油及溴酚蓝各起什么作用？

实验二十三　等电聚焦电泳法测定蛋白质的等电点

一、实验目的

① 了解等电聚焦电泳法的原理。

② 掌握等电聚焦电泳法测定蛋白质等电点的方法。

二、实验原理

蛋白质是典型的两性电解质，其氨基酸组成不同，等电点也不同。当蛋白质溶液中蛋白质分子携带的正负电荷数目相等，即净电荷为零，呈现电中性时，当前溶液的 pH 就是该蛋白质的等电点 pI。根据两性电解质的解离特性，蛋白质分子位于大于其等电点的 pH 环境中，解离成带负电荷的阴离子，向电场的正极泳动；蛋白质位于小于其等电点的 pH 环境中，解离成带正电荷的阳离子，向电场的负极泳动；蛋白质位于等于其等电点的 pH 环境中，蛋白质分子所带的净电荷为零，泳动停止。如果将各种等电点不同的蛋白质混合样品置于一个有 pH 梯度的环境中进行电泳，在电场的作用下，不管这些蛋白质分子的原始分布如何，它们都按照各自的等电点大小在 pH 梯度中相对应的位置处进行聚焦，经过一定时间的电泳以后，不同等电点的蛋白质分子便分别聚焦于不同的位置。这种按等电点的大小，生物分子在 pH 梯度的某一相应位置上进行聚焦的行为就称为等电聚焦。等电聚焦的特点就在于它利用了一种称为两性电解质载体的物质在电场中构成连续的 pH 梯度，使蛋白质或其他具有两性电解质性质的样品进行聚焦，从而达到分离、测定和鉴定的目的。

两性电解质载体实际上是许多异构体和同系物的混合物，它们是一系列多羧基多氨基脂肪族化合物，相对分子质量为 300～1 000。该物质在直流电场的作用下，能形成一个从正极到负极的 pH 逐渐升高的平滑连续 pH 梯度。在聚焦过程中和聚焦结束取消了外加电场后，如何保持 pH 梯度的稳定性是极为重要的。为了防止扩散，稳定 pH 梯度，就必须加入一种抗对流和扩散的支持介质，最常用的这种支持介质就是聚丙烯酰胺凝胶。当进行聚丙烯酰胺凝胶等电聚焦电泳时，凝胶柱内即产生 pH 梯度。当蛋白质样品电泳到凝胶柱内某一部位，而此部位的 pH 正好等于该蛋白质的等电点时，该蛋白质即聚焦形成一条区带，只要测出此区带所处部位的 pH，即其等电点。电泳时间越长，蛋白质聚焦的区带就越集中、越狭窄，因而提高了分辨率，这是等电聚焦的一大优点，不像其他电泳，电泳时间过长则区带扩散。所以等电聚焦电泳法不仅可以测定等电点，还能将不同等电点混合的生物大分子进行分离和鉴定。等电聚焦电泳的方式有很多种，大致可分为垂直管式、毛细管式、水平板式及超薄水平板式等，这些方式各具优点，本实验采用垂直管式等电聚焦电泳。

等电聚焦电泳法是 20 世纪 60 年代出现的一种特殊的电泳技术。由于其分辨率高、重复性好、样品容量大、操作简便等优点，已成为测定蛋白质等电点和分离、鉴定不同等电点物质的常用方法。

三、实验材料

蛋白质溶液：纯牛血清蛋白 5 mg，溶于 1 mL 重蒸水中（此蛋白溶液应透析保证去除盐离子）。

四、主要仪器设备、耗材与试剂

1. 主要仪器设备与耗材 电泳仪、圆盘电泳槽、玻璃管、注射器、长针头、封口膜、移液管（10 mL、5 mL、2 mL、1 mL、0.1 mL）、胶头滴管、洗耳球、小烧杯、培养皿、直尺、手术刀、精密 pH 试纸或 pH 计等。

2. 主要试剂

（1）丙烯酰胺贮备液（30%丙烯酰胺，交联度 2.6%，100 mL） 称取丙烯酰胺 30 g、二甲基双丙烯酰胺 0.8 g，加蒸馏水定容至 100 mL，过滤后 4 ℃保存于棕色瓶中。

（2）固定液 10%三氯乙酸溶液。

（3）上层电泳缓冲液（0.1 mol/L H_3PO_4） 量取 6.8 mL 浓磷酸（85%），加水至 1 L。

（4）下层电泳缓冲液（0.5 mol/L NaOH） 称取 4 g NaOH，加水溶解并定容至 1 L。

（5）其他试剂 两性电解质 ampholine（40%，pH 3.5～9.5）、1 mg/mL 过硫酸铵（当

天配制）、TEMED等。

五、实验步骤

1. 制备凝胶　按照装管数（支）和凝胶浓度，可参照表11制备凝胶。

表11　凝胶配方

项　目	浓　度	
	4.8%	5.0%
丙烯酰胺贮备液/mL	3.2	3.33
40% ampholine/mL	1	1
TEMED/mL	0.02	0.02
蛋白质样品/mL	0.2	0.2
蒸馏水/mL	5.58	5.45
1 mg/mL过硫酸铵/mL	10	10
总体积/mL	20	20
装管数/支	10	10

注：过硫酸铵是凝胶聚合的催化剂，因此最后才加入。加入后快速摇匀，立刻装管。

2. 装管　将圆盘电泳槽的玻璃管洗净，底端用封口膜封口，垂直放在试管架上。用胶头滴管将配好的凝胶液移入玻璃管内，液面加至距管口1 mm处，用注射器轻轻加入少许蒸馏水，进行水封，以消除弯月面使胶柱顶端平坦。胶管垂直聚合约30 min，聚合完成时可观察到水封下的折光面。

3. 装槽和电泳　用滤纸条吸去凝胶上端的水封，并除去玻璃管下端的封口膜。水封端向上，将胶管垂直插入圆盘电泳槽内，调节好各管的高度，记下管号。每支管约1/3在上槽，2/3在下槽。上槽加入上层电泳缓冲液，下槽加入下层电泳缓冲液，确保淹没各管口和电极。用注射器或胶头滴管吸去管口的气泡，上槽接正极，下槽接负极，恒压160 V，电泳2～3 h，至电流近于零不再降低时，停止电泳。

4. 剥胶　取下胶管，用蒸馏水将胶管和两端各洗2次，将注射器长针头沿管壁轻轻插入，转动胶管和针头的同时分别向胶管两端注入少许蒸馏水，胶条即自行滑出（若未滑出可用洗耳球轻轻吹出）。胶条置于培养皿内，正极端标记为“头”，负极端标记为“尾”，若不能分清，可用pH试纸鉴定，酸性端为正极，碱性端为负极。

5. 固定　取一个胶条完成蛋白质的固定。将其放置于培养皿中，倒入10%三氯乙酸溶液至没过胶条，进行固定，约30 min后，即可看到胶条内蛋白质的白色沉淀带，固定完毕后倒出固定液。用直尺量出胶条长度和正极端到蛋白质白色沉淀带中心（即聚焦部位）的长度。固定后的胶条也可在紫外分光光度计上用280 nm或238 nm波长作凝胶扫描，然后用扫描图作相应的测量和计算。

6. 测定pH梯度　取另一个未固定的胶条测定pH梯度。用直尺量出未固定胶条的长度。按照由正极至负极的顺序，用镊子和小刀将胶条依次切成10 mm长的小段，分别置于小试管中，加入1 mL蒸馏水，浸泡0.5 h以上，测出每管浸出液的pH。

六、结果与分析

① 画出固定后所测胶条的示意图。

② 以胶条长度（mm）为横坐标，pH为纵坐标作图，得到一条pH梯度曲线。所测每管的pH为10 mm胶条pH的混合平均值。作图时将此pH取为10 mm小段中心即5 mm处的pH。

用下式计算蛋白质聚焦部位至胶条正极端的实际长度（L）：

$$L=L'\times\frac{L_1}{L_2}$$

式中：L——蛋白质聚焦部位至胶条正极端的实际长度，mm；

L'——量出的蛋白质白色沉淀带中心至胶条正极端的长度，mm；

L_1——未固定胶条的长度，mm；

L_2——固定后胶条的长度，mm。

③ 根据计算出的L值，由pH梯度曲线上查出相应的pH，即为该蛋白质的等电点。

七、注意事项

① 蛋白质样品应先经过脱盐处理，因盐离子可干扰pH梯度形成，并使区带扭曲。

② 丙烯酰胺、二甲基双丙烯酰胺具有神经毒性，操作时应戴防护手套。

③ 安装玻璃管时应保证玻璃管垂直，且橡胶塞孔密封不漏，同时应避免玻璃管下方带有气泡。

④ 过硫酸铵应现配现用，室温下有效期为1 d，−20 ℃冰箱内其有效期可达1个月。

八、问题讨论

① 等电聚焦电泳法测定蛋白质的等电点实验中为什么会形成连续的pH梯度？

② 等电聚焦电泳法测定蛋白质的等电点实验利用了蛋白质的哪些性质？

③ 哪些因素影响了等电聚焦电泳的分离度？

实验二十四　免疫印迹

一、实验目的

了解免疫印迹的原理，掌握免疫印迹的方法。

二、实验原理

免疫印迹即Western印迹，亦即蛋白质印迹，是将高分辨率的电泳技术与灵敏、专一的免疫探测技术结合起来，用针对蛋白质特定氨基酸序列的特异性试剂作为探针进行检测，用于复杂的混合样品中某些特定蛋白质的鉴别和定量。免疫印迹，一般由蛋白质的凝胶电泳、蛋白质的印迹和固定化以及各种灵敏的检测手段如抗原抗体反应等组成。SDS-聚丙烯酰胺凝胶电泳分离后的蛋白质样品，首先经电转移固定在固相支持物（如硝酸纤维素薄膜）上，固相支持物以非共价键形式吸附蛋白质。在转印过程中，各个蛋白条带的相对位置保持不变。然后，以固相支持物上的蛋白质作为抗原，与相应的抗体，即第一抗体发生免疫反应，再与酶、放射性核素或其他标记物标记的以第一抗体为抗原的第二抗体发生反应，采用底物显色或放射自显影等方法即可观察分析电泳分离的特异蛋白质成分。免疫印迹包括以下4步。

1. 蛋白质凝胶电泳　首先通过SDS-聚丙烯酰胺凝胶电泳将样品中不同的蛋白质组分进行有效分离。抗原等蛋白样品经SDS处理后带负电荷，在聚丙烯胺凝胶中从负极向正极泳动，相对分子质量越小，泳动速度就越快。此阶段分离效果肉眼不可见（只有在染色后才显出电泳区带）。

2. 蛋白质转移　蛋白质转移又称电泳转移。选择合适的转移液，使蛋白质有最大的可溶性和转移速度，在直流电场中将凝胶中带负电荷的蛋白质分子转移到硝酸纤维素薄膜上。选用低电压（100 V）和大电流（1～2 A），通电45 min转移即可完成。此阶段分离的蛋白质条带肉眼仍不可见。

3. 封闭　电泳转移后，用非特异性、非反应活性分子封闭硝酸纤维素薄膜上未吸附蛋白质区域，以保证在检测过程中特异性探针只与硝酸纤维素薄膜上的蛋白质反应，以减少免疫探针的非特异性结合，降低检测时的非特异性结合产生的背景。

4. 酶免疫定位　将印有蛋白质条带的硝酸纤维素薄膜（相当于包被了抗原的固相载体）依次与特异性抗体和酶标第二抗体作用后，加入能形成不溶性显色物的酶反应底物，使区带染色。常用辣根过氧化物酶（HRP）的底物为3,3′-二氨基联苯胺（呈棕色）和4-氯-1-萘酚（呈蓝紫色）。阳性反应的条带清晰可辨，并可根据SDS-聚丙烯酰胺凝胶电泳加入的相对分子质量标准物，确定各组分的相对分子质量。本方法可以检测到1～5 ng的蛋白质。

三、实验材料

人IgG免疫兔的抗血清、辣根过氧化物酶标记的羊抗兔IgG。

四、主要仪器设备、耗材与试剂

1. 主要仪器设备与耗材　垂直电泳转移槽、电泳仪、电泳槽、硝酸纤维素薄膜、普通滤纸、玻璃平皿（直径9 cm）、剪刀、镊子、手套等。

2. 试剂

（1）分离胶缓冲液　内含1 mol/L Tris-HCl、0.4% SDS，pH 8.8。

（2）浓缩胶缓冲液　内含0.5 mol/L Tris-HCl、0.4% SDS，pH 6.8。

（3）15%分离胶　分离胶缓冲液4.0 mL，Arc-Bis 8.0 mL，H_2O 4.0 mL，10%过硫酸铵0.1 mL，TEMED 0.008 mL。

（4）5.4%浓缩胶　浓缩胶缓冲液1.25 mL，Arc-Bis 0.9 mL，H_2O 3.0 mL，10%过硫酸铵0.015 mL，TEMED 0.005 mL。

（5）转移缓冲液　内含25 mmol/L Tris、192 mmol/L甘氨酸、20%甲醇，pH 8.3。

（6）TBS缓冲液　内含20 mmol/L Tris-HCl、150 mmol/L NaCl，pH 7.5。

（7）TTBS　内含0.05% Tween20的TBS。

（8）封闭液　内含1%牛血清白蛋白的TTBS。

（9）第一抗体　用被检测蛋白质制备的兔抗血清，用封闭液稀释。

（10）第二抗体（酶标抗体溶液）　辣根过氧化物酶标记的羊抗兔IgG，使用前用封闭液稀释 500 倍。

(11) 辣根过氧化物酶底物溶液

① 溶液Ⅰ。内含 10 mmol/L Tris－HCl (pH 7.6)。

② 溶液Ⅱ。内含 0.3% $NiCl_2$。

底物溶液临用前需新鲜配制，取 9 mL 溶液Ⅰ，溶解 6 mg 3,3′-二氨基联苯胺盐酸盐，再加入 1 mL 溶液Ⅱ，滤纸过滤后加入 10 μL 30% H_2O_2，混匀后立即使用。

(12) 其他试剂　免疫前血清（阴性对照）、10%兔血清溶液等。

五、实验步骤

1. 制备待测蛋白质样品　称取 0.5 g 脱脂小麦粉样品，加 5 mL 蒸馏水振荡提取 10 min，8 000 r/min 离心后，得到蛋白质提取液。

2. SDS－聚丙烯酰胺凝胶电泳　采用不连续 SDS－聚丙烯酰胺凝胶电泳系统，对样品蛋白质进行电泳分离，根据待检蛋白质的相对分子质量，配制不同浓度的胶。相对分子质量为 20 000 左右的蛋白质，采用 15%分离胶、5.4%浓缩胶。具体操作方法见实验二十二。

加样时将标准蛋白质加在凝胶靠边一侧，将待测蛋白质提取液、阴性对照等样品分别加入加样槽进行电泳。电泳后将凝胶上标准蛋白质的泳道切下，用考马斯亮蓝进行染色，剩下的凝胶进行转膜，最后可用铅笔将标准蛋白质的位置标记在膜上，或者在相同的实验条件下同时走两块凝胶，一块用于转膜，另一块用于考马斯亮蓝染色（包含标准蛋白质），与转移结果相对照。

3. 蛋白质转移

(1) 制作转移单元的准备　准备转移缓冲液，剪一张硝酸纤维素薄膜，大小与分离胶尺寸相同，用软铅笔在膜一角做好标记，将其放在转移缓冲液中 15 min，使其润湿直至没有气泡。剪 8 张普通滤纸，其大小与胶尺寸相同，并将其浸泡在有转移缓冲液的培养皿中（与硝酸纤维素薄膜分开浸泡）。取出电泳后的凝胶，切去浓缩胶，取有用部分的分离胶。分离胶用转移缓冲液快速洗涤。

(2) 制作转移单元　在一搪瓷盘内加入转移缓冲液，打开有孔转移框架，浸入转移缓冲液内。从下向上按照顺序依次放入 4 张用转移缓冲液浸泡过的滤纸、凝胶、硝酸纤维素薄膜、另外 4 张用转移缓冲液浸泡过的滤纸，将凝胶的左下角置于膜的标记角上，注意滤纸、凝胶和膜各层精确对齐，且各层之间不留气泡，最后将两个框架固定好。

(3) 电泳转移　将夹心式转移单元垂直固定在装有转移缓冲液的垂直电泳转移槽中，凝胶一侧朝向负极，硝酸纤维素薄膜一侧朝向正极，倒满转移缓冲液。插上电极，打开电泳仪开关，调至胶的面积电流为 0.8 mA/cm^2，进行电泳，当电泳指示剂前沿距底端 1 cm 左右时停止电泳。转移结束后，可以将凝胶进行考马斯亮蓝染色，以便检查蛋白质转移是否完全。

(4) 电泳印迹膜的处理

① 封闭硝酸纤维素薄膜上的自由结合位点。转移结束后，打开转移框架，取出硝酸纤维素薄膜，放在小平皿中，注意结合蛋白质的膜面朝上，用 TBS 缓冲液洗膜 5 min，弃去 TBS，加入 10 mL 封闭液，在平缓摇动的摇床上于室温温育 1 h。然后用 TBS 缓冲液洗膜 3 次，每次 10 min。

② 第一抗体的免疫结合反应。将膜剪成两部分（均有蛋白质样品），分别放在两个小平

皿中，一个平皿加入 10 mL 10％抗体溶液，另一个平皿加入 10 mL 10％兔血清溶液，作为阴性对照，在平缓摇动的摇床上于室温温育 1～2 h，或 4 ℃过夜。弃去第一抗体溶液，用 TTBS 洗膜 3 次，每次 10 min，置摇床上轻轻摇动。

③ 第二抗体的免疫结合反应。将膜放入 10 mL 辣根过氧化物酶-羊抗兔 IgG 溶液（1：500）中，在平缓摇动的摇床上于室温温育 1～2 h;，去掉辣根过氧化物酶-羊抗兔 IgG 溶液，用 TTBS 洗膜 3 次，每次 10 min，置摇床上轻轻摇动，最后用 TBS 淋洗以除去 Tween20。

④ 显色。将膜放入 10 mL 底物溶液中，室温下轻轻摇动，仔细观察显色过程。待特异性蛋白质条带颜色清晰可见时，立即用去离子水漂洗膜，以终止反应。膜晾干后在室温下避光保存。

六、结果与分析

记录显色结果，并与可能的考马斯亮蓝显色结果或同工酶显色结果进行比较。

七、注意事项

底物溶液在临用前务必现配制，混匀后立即使用。

八、问题讨论

① 在只进行 SDS-聚丙烯酰胺凝胶电泳的情况下，如何实现同时获得考马斯亮蓝染色结果和免疫印迹结果？

② 在只进行 SDS-聚丙烯酰胺凝胶电泳的情况下，如何实现同时获得两种或两种以上蛋白质的免疫印迹结果？

③ 抗体偶联的辣根过氧化物酶显色与过氧化物酶同工酶显色结果有什么不同？

第三部分　酶及维生素

实验二十五　环境条件对酶促反应的影响

一、实验目的

通过本实验，观察温度、pH、激活剂与抑制剂对酶促反应速度的影响。证明在最适温度、最适 pH 条件下酶活性最高，激活剂加速酶的催化反应速度，抑制剂降低酶的催化反应速度。

二、实验原理

同底物浓度和数量在相同时间内，淀粉酶的活性越强，淀粉的水解程度越高。碘-碘化钾试剂可以检查淀粉酶水解淀粉的程度。淀粉水解不同阶段与碘反应的颜色变化是蓝色—紫色—红色—黄色（碘的颜色），淀粉水解彻底则检测结果为黄色，若淀粉水解不彻底，也会有不同的颜色出现。

利用淀粉及其水解产物的颜色反应，来比较淀粉酶在不同条件下催化淀粉水解的程度，从而判断温度、pH、激活剂和抑制剂对酶的活性影响。

在低温时，酶的活性降低，酶促反应速度较慢，甚至停止；随着温度升高，酶的活性恢复，酶促反应速度加快；当达到最适温度时，酶的活性最大，酶促反应速度达到最高。温度过高，酶变性失活，酶促反应速度下降，甚至停止。

每种酶都有最适的 pH，在最适 pH 时，酶的活性最大，酶促反应速度最快；偏离酶的最适 pH，可引起酶变性而使活性降低或失去活性。

氯离子对淀粉酶有激活作用，铜离子对淀粉酶有抑制作用。

三、实验材料

发芽的小麦种子（芽长 4 cm 左右）。

四、主要仪器设备、耗材与试剂

1. 主要仪器设备与耗材　温度计、水浴锅、白瓷板、试管、烧杯、皮头吸管、玻璃棒、三角瓶等。

2. 主要试剂

（1）1%淀粉　称量 10.0 g 可溶性淀粉，取 950 mL 蒸馏水煮沸，将可溶性淀粉缓慢加入沸水中，并不断搅拌，煮沸至透明为止，冷却后定容至 1 000 mL。

（2）pH 3 磷酸氢二钠-柠檬酸缓冲液　精确称取 7.317 9 g $Na_2HPO_4 \cdot 12H_2O$ 和 16.711 g柠檬酸，用少量蒸馏水溶解并定容至 1 000 mL。

（3）pH 5 磷酸氢二钠-柠檬酸缓冲液　精确称取 36.96 g $Na_2HPO_4 \cdot 12H_2O$、10.252 9 g柠檬酸，用少量蒸馏水溶解并定容至 1 000 mL。

（4）pH 9 磷酸氢二钠-柠檬酸缓冲液　取 0.2 mmol/L $Na_2HPO_4 \cdot 12H_2O$ 溶液972 mL、0.1 mol/L 柠檬酸溶液 28 mL，混合即成。

（5）1% NaCl 溶液　精确称取 10.0 g NaCl，用蒸馏水溶解并定容至 1 000 mL。

（6）1% $CuSO_4$ 溶液　精确称取 10.0 g $CuSO_4$，用蒸馏水溶解并定容至1 000 mL。

（7）碘-碘化钾　0.3 g 碘化钾溶于少量蒸馏水中，加 0.1 g 碘，用蒸馏水定容至 100 mL。

五、实验步骤

1. 淀粉酶的提取　取小麦种子 5.0 g，加少量水进行研磨，共加水 50 mL，混合液全部转入三角瓶内，室温提取 15 min，用棉花-滤纸过滤即获得淀粉酶提取液，备用。

2. 温度对酶催化活性的影响

① 取刻度试管 3 支，编号，各加入酶液 1 mL 和 pH 5 磷酸氢二钠-柠檬酸缓冲液 2 mL，分别放到冰水、40 ℃水浴锅、90 ℃水浴锅中保温 5 min。

② 每支试管加入 1%淀粉 1 mL，摇匀，使其在 3 种温度下保温 5～10 min。

③ 取出 40 ℃处理的溶液一滴，在白瓷板进行水解程度检查，看是否水解完全（即加碘是否变为黄色）。如果没有变为黄色，则再次取样检测，直到水解液为黄色后，立刻向 3 支试管中各加入碘液几滴，摇匀，观察颜色差别，判断温度对淀粉酶活性的影响。

结果记录于表 12 中，并说明理由。

表 12　温度对酶催化活性的影响

管　号	1	2	3
处理	冰水	40 ℃	90 ℃
与碘液显色情况			

3. pH 对酶催化活性的影响

① 取刻度试管 3 支，编号，分别加入 pH 3、pH 5、pH 9 缓冲液 3 mL，各加入酶液 1 mL和 1%淀粉 1 mL，摇匀，同时放入 40 ℃温度下保温 5～10 min。

② 每隔 1 min 由 2 号管中取出 1 滴溶液于白瓷板小穴中，加 1 滴碘液检查淀粉水解情况，看是否水解完全（即加碘是否变为黄色）。如果没有变为黄色，则再取样检测，直到水解液变为黄色后，立刻向 3 支试管中各加入碘液 2 滴，摇匀，观察颜色差别，判断 pH 对淀粉酶活性的影响。

结果记录于表 13 中，并说明理由。

表 13　pH 对酶催化活性的影响

管　号	1	2	3
处理	pH 3	pH 5	pH 9
与碘液显色情况			

4. 激活剂与抑制剂对酶催化活性的影响

① 取刻度试管 3 支，编号，分别加入 1% NaCl 溶液、1% $CuSO_4$ 溶液和蒸馏水 1 mL，各加入酶液 1 mL 和 1%淀粉 1 mL，摇匀，同时放入 40 ℃条件下保温 5～10 min。

另外，可以用稀释 20 倍的唾液（内含丰富的淀粉酶）代替麦芽淀粉酶液，收集吃饭前的唾液，用水稀释 20 倍。

② 每隔 1 min 由 1 号管中取出 1 滴溶液于白瓷板小穴中，加 1 滴碘液检查淀粉水解情况，看水解是否完全（即加碘是否变为黄色）。如果没有变为黄色，则再取样检测，直到水解液为黄色后，立刻向 3 支试管中各加入碘液 2 滴，摇匀，观察颜色差别，判断激活剂与抑制剂对淀粉酶活性的影响。

结果记录于表 14 中。

表 14　激活剂与抑制剂对酶催化活性的影响

管　号	1	2	3
处理	1% NaCl	1% $CuSO_4$	H_2O
与碘液显色情况			

六、结果与分析

记录测定液在不同温度、pH 及加入激活剂与抑制剂中与碘液显色的颜色变化。

七、注意事项

① 注意实验器材必须干净，避免杂质影响反应结果。

② 各管反应时间应严格控制，保证一致。

八、问题讨论

① 什么是酶的最适温度？

② 什么是酶的最适 pH？

实验二十六　小麦幼苗淀粉酶活性的测定

一、实验目的

学习并掌握植物体内淀粉酶活性测定的原理和方法。

二、实验原理

酶是具有高效性与专一性的生物催化剂，而且绝大多数酶的化学本质是蛋白质。

酶活性是酶的重要参数，反映的是酶的催化能力，因此测定酶活性是研究酶的基础。淀粉酶是水解淀粉糖苷键的一类酶的总称，其活性因植物的品种和生长发育时期不同而不同。淀粉酶能催化淀粉水解为麦芽糖。植物中的淀粉酶有 α 淀粉酶和 β 淀粉酶两种，它们有不同的理化特性。α 淀粉酶耐热不耐酸，70 ℃加热 15 min 仍可保持其活性，pH<3.6 时 α 淀粉酶钝化；β 淀粉酶耐酸不耐热，70 ℃加热 15 min 即钝化。通常提取液中含有这两种淀粉酶，测定时可以根据它们的特性分别加以处理，钝化其中之一，即可测出另一种酶的活性。

本实验利用 3,5-二硝基水杨酸比色法来测定淀粉酶水解生成的麦芽糖含量，淀粉酶活性的大小与产生的还原糖的量成正比。用标准浓度的麦芽糖溶液制作标准曲线，用比色法测定淀粉酶作用于淀粉后生成麦芽糖的量，以单位质量样品在一定时间内生成的麦芽糖的量表示酶活性的大小。在碱性、加热条件下，还原糖与3,5-二硝基水杨酸反应，还原糖被氧化成糖酸，3,5-二硝基水杨酸被还原为棕红色的3-氨基-5-硝基水杨酸。

三、实验材料

萌发的小麦种子（芽长0.5 cm左右）。

四、主要仪器设备、耗材与试剂

1. 主要仪器设备与耗材　电子分析天平、恒温水浴锅、可见分光光度计、离心机、刻度试管、容量瓶、玻璃棒、烧杯等。

2. 主要试剂

（1）1%的淀粉　称量10.0 g可溶性淀粉，取950 mL蒸馏水煮沸，将可溶性淀粉缓慢加入沸水中，并不断搅拌，煮沸至透明为止，冷却后定容至1 000 mL。

（2）0.4 mol/L NaOH溶液　在电子分析天平上称量16.0 g NaOH固体，并将其倒入小烧杯中，加入适量的蒸馏水，用玻璃棒搅拌，使其溶解，用蒸馏水定容至1 000 mL。

（3）pH 5.6的柠檬酸-柠檬酸钠缓冲液

A液：称取柠檬酸20.0 g，溶解后稀释至1 000 mL。

B液：称取柠檬酸钠29.41 g，溶解后稀释至1 000 mL。

取A液13.7 mL与B液26.3 mL混匀，即得pH 5.6的柠檬酸-柠檬酸钠缓冲液。

（4）3,5-二硝基水杨酸试剂　准确称取6.3 g 3,5-二硝基水杨酸溶于262 mL 1 mol/L NaOH中，加到500 mL含有182.0 g酒石酸钾钠的热水中，然后加入5 g结晶酚和5 g亚硫酸钠，溶解并冷却后定容至1 000 mL，贮存在棕色瓶中。

（5）碘-碘化钾　称取0.3 g碘化钾，溶于少量蒸馏水中，加0.1 g碘，用蒸馏水定容至100 mL。

（6）酚酞指示剂　称取0.1 g酚酞，溶于250 mL 70%乙醇中。

（7）1 mg/mL麦芽糖标准液　称取化学纯麦芽糖0.1 g，溶于蒸馏水中并定容至100 mL。

五、实验步骤

1. 麦芽糖标准曲线的制作　按表15进行操作。

表15　制作麦芽糖标准曲线的溶液配制

试剂及操作	管号						
	1	2	3	4	5	6	7
麦芽糖标准液/mL	0	0.2	0.6	1.0	1.4	1.8	2.0
蒸馏水/mL	2.0	1.8	1.4	1.0	0.6	0.2	0
3,5-二硝基水杨酸试剂/mL	2.0	2.0	2.0	2.0	2.0	2.0	2.0
处理	沸水浴煮沸5 min，冷却						
蒸馏水/mL	21	21	21	21	21	21	21

以1号管作为空白调零点，在520 nm波长下比色测定吸光度。以麦芽糖含量（mg）为横坐标，吸光度为纵坐标，绘制标准曲线。

2. 酶液的制备 称取1.0 g萌发的小麦种子，置于研钵中，加少量水及少许石英砂，研磨至匀浆，转入100 mL容量瓶中，分别用蒸馏水洗净研钵并将溶液转至100 mL容量瓶中，用蒸馏水定容至100 mL，提取液在室温（20 ℃）下放置20 min，每隔5 min搅动1次，使其充分提取，滤纸过滤后即为淀粉酶原液。

3. 淀粉酶活性的测定

（1）α淀粉酶活性的测定

① 取4支试管，2支标记为对照，2支标记为测定，各加酶液1 mL，在70 ℃水浴锅（温度变化不应超过±0.5 ℃）中加热15 min，取出后迅速在水中冷却。

② 向4支试管中分别加入1 mL pH 5.6的柠檬酸-柠檬酸钠缓冲液。

③ 在对照管中加入4 mL 0.4 mol/L NaOH溶液，以钝化酶的活性。

④ 将4支试管在40 ℃水浴中保温5 min，再向各管加入40 ℃预热的淀粉液2 mL，摇匀，立即放入40 ℃的水浴中准确保温5 min（时间从加测定管算起），将准备好的4 mL NaOH溶液迅速加入测定管，终止酶活性（控制时间很重要）。各管中加入2 mL蒸馏水，摇匀，即为测定液与对照液。

（2）α淀粉酶及β淀粉酶总活性的测定

① 取4支试管，2支标记为测定，2支标记为对照，各加酶液1 mL，再向各管中均加入pH 5.6的柠檬酸-柠檬酸钠缓冲液1 mL。

② 向对照管加4 mL 0.4 mol/L NaOH溶液，以钝化酶的活性。

③ 将4支试管在40 ℃水浴中保温5 min，再向各管加入40 ℃预热的淀粉液2 mL，摇匀，立即放入40 ℃水浴中，准确保温5 min（时间从加测定管算起），将准备好的4 mL NaOH溶液迅速加入测定管，终止酶活性（控制时间很重要）。各管中加入2 mL蒸馏水，摇匀，即为测定液与对照液。

4. 反应产生的麦芽糖含量的测定 取大试管5支，编号，1号管加蒸馏水2 mL为比色的参比管，2、3号管加对照液1 mL，再加1 mL蒸馏水；4、5号管加测定液1 mL，再加1 mL蒸馏水。5支管各加2 mL 3,5-二硝基水杨酸，沸水浴煮5 min，取出冷却后加21 mL蒸馏水，摇匀，以1号管为参比，用分光光度计在波长520 nm处比色，分别测定对照管和测定管的吸光度。

六、结果与分析

利用标准曲线计算麦芽糖含量，带入下式公式计算酶的活性：

$$\alpha\text{淀粉酶活性}\ [\mathrm{mg/(g\cdot min)}]=\frac{(A-A')\times\text{稀释倍数}}{\text{样品质量 (g)}\times 5\ (\mathrm{min})}$$

$$\alpha\text{淀粉酶及}\beta\text{淀粉酶活性}\ [\mathrm{mg/(g\cdot min)}]=\frac{(B-B')\times\text{稀释倍数}}{\text{样品质量 (g)}\times 5\ (\mathrm{min})}$$

式中：A——α淀粉酶水解淀粉生成麦芽糖的质量，mg；

A'——α淀粉酶对照管中麦芽糖的质量，mg；

B——α淀粉酶及β淀粉酶共同水解淀粉生成麦芽糖的质量，mg；

B'——α 淀粉酶及 β 淀粉酶的对照管中麦芽糖的质量，mg。

七、注意事项

在测定过程中，所用仪器应绝对清洁，不应带有酶的抑制物，如酸、碱、蛋白沉淀剂等。

八、问题讨论

① 萌发种子和干种子的 α 淀粉酶和 β 淀粉酶活性有什么差异？这种变化有什么生物学意义？

② α 淀粉酶和 β 淀粉酶的性质有什么不同？它们的作用特点有什么不同？

实验二十七　脂肪酶活性的测定

一、实验目的

① 了解脂肪酶的作用机理。

② 掌握脂肪酶活性的测定方法。

二、实验原理

脂肪酶又称为三酰甘油水解酶，是能水解长链脂肪酸三酰甘油的一类酶的总称，可催化甘油三酯水解生成脂肪酸和甘油二酯（或甘油一酯、甘油）。脂肪酶是动物消化脂肪的重要酶类，其分泌量和活性与动物对脂肪的消化、吸收、利用有关。动物胰脏是脂肪酶的主要分泌器官，测定动物脂肪酶活性有助于研究、分析其对脂肪的消化能力及消化功能状况。人体脂肪酶的主要合成部位在胰腺腺泡，此类脂肪酶又称胰脂肪酶，是血清脂肪酶的主要来源。另外，一些消化器官如胃、十二指肠、食管以及白细胞、脂肪组织、肺、血管内皮也可分泌少量的脂肪酶，并且这些脂肪酶可进入血液。血清脂肪酶活性测定可用于胰腺疾病诊断，特别是用于急性胰腺炎诊断。急性胰腺炎患者与正常人血清脂肪酶水平差异较大，脂肪酶与淀粉酶相比，在急性胰腺炎的诊断上具有更好的敏感性和特异性。

脂肪酶活性的测定方法有滴定法、电极法、比浊法、分光光度计法及荧光光度计法等。橄榄油乳化法是测定脂肪酶活性的常用方法，其测定的原理是胰脂肪酶可将天然油脂（甘油三酯）水解生成甘油及相应的游离脂肪酸，用已知浓度的标准碱溶液（如氢氧化钠）滴定生成的脂肪酸，根据消耗标准碱液的量间接测定脂肪酶的活性，其反应式为：$RCOOH + NaOH \longrightarrow RCOONa + H_2O$。

三、实验材料

脂肪酶溶液（250 倍酶液）：称取 100 mg 酶粉，加少许蒸馏水调匀呈糊状，再加蒸馏水至 25 mL，使用前摇匀。

四、主要仪器设备、耗材与试剂

1. 主要仪器设备与耗材　三角瓶、移液管（1 mL、5 mL、15 mL）、恒温水浴锅、高速匀浆机、碱式滴定管等。

2. 主要试剂

（1）聚乙烯醇-橄榄油乳化液　聚乙烯醇（PVA）的聚合度为1 750±50。称取聚乙烯醇40 g（精确至0.1 g），加水800 mL，在沸水浴中加热，搅拌，直至全部溶解，冷却后定容至1 L。用干净的双层纱布过滤，取滤液备用。取上述滤液150 mL，加橄榄油50 mL，用高速匀浆机处理6 min（分两次处理，间隔5 min，每次处理3 min），即得乳白色聚乙烯醇-橄榄油乳化液。该溶液现用现配，在使用之前，一定要重新乳化两遍。

（2）磷酸缓冲液（pH=7.5）　称取NaH_2PO_4 1.96 g、$Na_2HPO_4 \cdot 12H_2O$ 39.62 g，加蒸馏水定容至500 mL，调节溶液的pH到7.5±0.05。

（3）1%酚酞指示液　取1 g酚酞溶于100 mL 70%乙醇溶剂中。

（4）其他试剂　0.05 mol/L NaOH标准溶液、95%乙醇等。

五、实验步骤

① 取两个100 mL三角瓶，分别标记为空白瓶和样品瓶，按照表16依次加入所需试剂，处理完毕后，取出备用。

表16　脂肪酶活力的测定

试剂及操作	空白瓶	样品瓶
聚乙烯醇-橄榄油乳化液/mL	4	4
磷酸缓冲液/mL	5	5
95%乙醇/mL	15	0
处理	40 ℃水浴中预热5 min	
待测酶液/mL	1	1
处理	立即混匀计时，于40 ℃水浴中准确反应15 min	
95%乙醇/mL	0	15

② 于空白溶液和样品溶液中各加酚酞指示液2～3滴，使用0.05 mol/L NaOH标准溶液滴定，直至微红色并保持30 s不褪色，即为滴定终点，记录消耗氢氧化钠标准溶液的体积。

六、结果与分析

1. 酶活力的定义　本实验对酶活力的定义为：在规定条件（40 ℃，pH7.5）下，每分钟水解脂肪产生的1 μmol脂肪酸的酶量，为一个脂肪酶活力单位。

2. 酶活力计算公式　脂肪酶制剂的酶活力按下式计算：

$$X_1 = \frac{(V_B - V_A) \times c \times 1\,000}{15}$$

式中：X_1——样品的酶活力，μmol/min；

V_B——滴定样品时消耗NaOH标准溶液的体积，mL；

V_A——滴定空白时消耗NaOH标准溶液的体积，mL；

c——氢氧化钠标准溶液浓度，mol/L。

七、注意事项

① 使用聚乙烯醇的聚合度为 1 750±50，若聚合度低，则乳化效果差。

② 聚乙烯醇-橄榄油乳化液在冰箱中保存 3 d 左右性质仍能保持稳定。在使用之前，一定要重新乳化两遍。

③ 反应 15 min 后加乙醇可停止酶作用并溶解脂肪酸，有利于滴定，乙醇用量以不低于总容量 60%为宜。

八、问题讨论

① 对比酶活力和酶比活力的区别，并分别计算脂肪酶的活力和比活力。

② 为什么样品瓶中 NaOH 标准溶液的用量会高于空白瓶?

实验二十八　过氧化氢酶(CAT)活性的测定

一、实验目的

了解过氧化氢酶的作用，掌握其活性的测定方法和原理，并对同一植物不同生理状态下过氧化氢酶活性进行比较。

二、实验原理

植物遭遇逆境或衰老时，由于体内活性氧代谢加强而导致过氧化氢积累。过氧化氢酶普遍存在于植物的所有组织中，可以清除过氧化氢，其活性与植物的代谢强度及抗病能力有关，故常作为重要的生化指标进行测定。

过氧化氢在 240 nm 波长下有强吸收，过氧化氢酶能把过氧化氢分解为水和氧气，使反应溶液吸光度（A_{240}）随反应时间而降低。根据反应溶液吸光度的变化速度即可测出过氧化氢酶的活性。反应式如下：

$$2H_2O_2 \xrightarrow{\text{过氧化氢酶}} 2H_2O + O_2\uparrow$$

三、实验材料

培养 2 周的正常小麦幼苗及黄化小麦幼苗。

四、主要仪器设备、耗材与试剂

1. 主要仪器设备与耗材　紫外分光光度计、恒温水浴锅、离心机、研钵、容量瓶、刻度吸管、试管等。

2. 主要试剂　0.1 mol/L H_2O_2、0.2 mol/L pH 7.8 磷酸缓冲液（内含 1%聚乙烯吡咯烷酮）等。

五、实验步骤

1. 酶液提取　称取小麦幼苗地上部分 1 g，置研钵中，加 2 mL 预冷的 pH 7.8 磷酸缓冲液，研磨至匀浆。转入 100 mL 容量瓶中，用蒸馏水定容至刻度。振荡片刻，在 4 ℃静置 10 min，取上清液，4 000 r/min 离心 10 min，上清液即为过氧化氢酶液。

2. 酶活性测定 取 4 支 10 mL 试管，按表 17 加入各试剂。

表 17 测定 CAT 活性加入反应试剂的顺序和体积

管号	酶液/mL	煮沸酶液/mL	蒸馏水/mL	磷酸缓冲液/mL
对照	0	0.2	1.0	1.5
处理 1	0.2	0	1.0	1.5
处理 2	0.2	0	1.0	1.5

25 ℃预热后，逐管加入 0.3 mL 0.1 mol/L H_2O_2，每加完 1 管，立即计时，并迅速倒入石英比色杯中，在波长 240 nm 下测定吸光度值，每隔 1 min 读数 1 次，共测 4 min，待所有试管测完后，进行计算。对照管调零。

六、结果与分析

根据吸光度值，以 1 min 内 A_{240}减少 0.1 的酶量为 1 个酶活单位（U）计算。

$$过氧化氢酶活性\ [U/(g \cdot min)] = \frac{\Delta A_{240} \times V_1}{0.1 \times V_2 \times t \times m}$$

式中：ΔA_{240}——反应时间内吸光度的变化；

V_1——酶液总提取体积，mL；

V_2——测定用酶液体积，mL；

m——样品质量，g；

t——加过氧化氢后到最后一次读数的时间，min。

七、注意事项

凡在波长 240 nm 处有强吸收的物质对本实验均有干扰，应注意消除干扰。

八、问题讨论

① 在紫外吸收法测定过程中，影响过氧化氢酶活性测定的因素有哪些？

② 过氧化氢酶与哪些生化过程有关？

实验二十九 硝酸还原酶活性的测定

一、实验目的

掌握活体法测定植物组织中硝酸还原酶活性的原理和操作方法。

二、实验原理

硝酸还原酶（NR）是硝酸盐同化过程中的关键酶，在植物生长发育中具有重要作用。NR的活性，可作为作物育种和营养诊断的生理生化指标。NR活性的测定有活体法和离体法。活体法步骤简单，适合快速、多组测定。离体法复杂，但重复性较好。

NR催化植物体内的硝酸盐还原为亚硝酸盐，产生的亚硝酸盐与对氨基苯磺酸（或对氨基苯磺胺）及α-萘胺（或萘基乙烯二胺）在酸性条件下生成红色偶氮化合物。

生成的红色偶氮化合物在波长520 nm处有最大吸收峰，可用分光光度法测定。NR活性可由产生的亚硝态氮的量表示。

三、实验材料

菠菜叶片。

四、主要仪器设备、耗材与试剂

1. 主要仪器设备与耗材　分光光度计、真空泵、干燥器、冷冻离心机、电子分析天平、冰箱、恒温水浴锅、研钵、打孔器、离心管、具塞试管、移液管、洗耳球等。

2. 主要试剂

（1）1 μg/mL亚硝态氮标准液　准确称取分析纯$NaNO_2$ 0.985 7 g，溶于蒸馏水后定容至1 000 mL，然后吸取上述溶液5 mL，用蒸馏水定容至1 000 mL，即为1 μg/mL亚硝态氮标准液。

（2）0.1 mol/L pH7.5的磷酸缓冲液　称取$Na_2HPO_4 \cdot 12H_2O$ 30.090 5 g与$NaH_2PO_4 \cdot 2H_2O$ 2.496 5 g，加去离子水溶解并定容至1 000 mL。

（3）1%对氨基苯磺胺溶液　称取1.0 g对氨基苯磺胺，溶于3 mol/L HCl（25 mL浓盐酸加水定容至100 mL即为3 mol/L HCl）中并定容至100 mL。

（4）0.02%萘基乙烯二胺溶液　称取0.020 g萘基乙烯二胺，溶于去离子水中并定容至100 mL，贮于棕色瓶中。

（5）0.1 mol/L KNO_3溶液　称取2.527 5 g KNO_3，溶于0.1 mol/L pH 7.5的磷酸缓冲液中并定容至250 mL。

（6）0.025 mol/L pH 8.7的磷酸缓冲液　称取8.864 0 g $Na_2HPO_4 \cdot 12H_2O$与0.057 0 g $KH_2PO_4 \cdot 3H_2O$，溶于去离子水中并定容至1 000 mL。

（7）其他试剂　0.4 mol/L烟酰胺腺嘌呤二核苷酸（NADH）溶液等。

五、实验步骤

1. 标准溶液的配制　取7支15 mL刻度试管，编号，按表18配制每管含量为0～2.0 μg的亚硝态氮标准液。

加入表18中的试剂后，摇匀，在25 ℃下保温30 min，然后以1号管为空白对照，在520 nm波长处测定吸光度值。

2. 标准曲线绘制　以1～7号管亚硝态氮含量（μg）为横坐标，吸光度值为纵坐标，绘制标准曲线。

表 18　亚硝态氮标准液配制

项　目	管号						
	1	2	3	4	5	6	7
亚硝酸钠标准液/mL	0	0.2	0.4	0.8	1.2	1.6	2.0
蒸馏水/mL	2.0	1.8	1.6	1.2	0.8	0.4	0.0
1%对氨基苯磺胺/mL	4	4	4	4	4	4	4
0.02%萘基乙烯二胺/mL	4	4	4	4	4	4	4
每管含亚硝态氮/μg	0	0.2	0.4	0.8	1.2	1.6	2.0

3. 样品中硝酸还原酶活性的测定

（1）酶的提取　称取 0.5 g 鲜样，剪碎于研钵中，置于低温冰箱冰冻 30 min，取出，置于冰浴中，加少量石英砂及 4 mL 0.025 mol/L pH 8.7 的磷酸缓冲液，研磨至匀浆，转移至离心管中，在 4 ℃下 4 000 r/min 离心 15 min，上清液即为酶提取液。

（2）酶促反应　取酶提取液 0.4 mL 于 10 mL 试管中，加入 1.2 mL 0.1 mol/L KNO_3 缓冲液和 0.4 mol/L NADH 溶液，混匀，在 25 ℃水浴中保温 30 min，对照不加 NADH 溶液，而以 0.4 mL 0.1 mol/L pH 7.5 的磷酸缓冲液代替。

（3）酶活性测定　保温结束后立即加入 1 mL 1%对氨基苯磺胺溶液终止酶反应，再加 1 mL 0.02%萘基乙烯二胺溶液，显色 15 min 后，4 000 r/min 离心 15 min，以空白管为对照，取上清液，在 520 nm 波长处测定吸光度值。

六、结果与分析

根据样品所测得的吸光度值，从标准曲线查出反应液中亚硝态氮含量，按以下公式计算样品中酶活性：

$$\text{样品中酶活性}\ [\mu g/(g \cdot h)] = \frac{\frac{X}{V_2} \times V_1}{m \times t}$$

式中：X——从标准曲线查出反应液中亚硝态氮质量，μg；

V_1——提取酶时加入的缓冲液体积，mL；

V_2——酶反应时加入的酶液体积，mL；

m——新鲜样品质量，g；

t——酶反应时间，h。

七、注意事项

① 硝酸还原酶是诱导酶，取样时因环境因子光照、温度等对酶活性的影响较大，应在晴天进行。

② 用比色法测定亚硝酸盐非常灵敏，标准曲线和样品测定时的反应 pH、反应温度、显色时间等因素要严格控制。

③ 绿色细胞在光照下 NO_2^- 还原的速度很快，因此保温反应应在暗中进行。

八、问题讨论

讨论本实验设计的优缺点。

实验三十　超氧化物歧化酶活性的测定

一、实验目的

掌握氮蓝四唑（NBT）还原法测定 SOD 活性的原理和操作方法。

二、实验原理

植物叶片在衰老过程中发生一系列生理生化变化，如核酸和蛋白质含量下降、叶绿素降解、光合作用减弱及内源激素平衡失调等。这些指标在一定程度上反映衰老过程的变化。近年来大量研究表明，植物在逆境胁迫或衰老过程中，细胞内自由基代谢平衡被破坏而有利于自由基的产生。过剩自由基的毒害之一是引发或加剧膜脂过氧化作用，造成细胞膜系统的损伤，严重时会导致植物细胞死亡。植物细胞膜有酶促和非酶促两类过氧化物防御系统，超氧化物歧化酶（SOD）、过氧化氢酶（CAT）、过氧化物酶（POD）和抗坏血酸过氧化物酶（ASA－POD）等是酶促防御系统的重要保护酶。抗坏血酸（维生素 C）、维生素 E 和还原型谷胱甘肽（GSH）等是非酶促防御系统中的重要抗氧化剂。SOD、CAT 等活性氧清除剂的含量水平和超氧阴离子自由基（O_2^-）、H_2O_2、OH·和 O_2 等活性氧的含量水平可作为植物衰老的重要生理生化指标。O_2^- 是生物细胞某些生理生化反应常见的中间产物。SOD 能通过歧化反应清除生物细胞中的 O_2^-，生成 H_2O_2 和 O_2。H_2O_2 由 CAT 催化生成 H_2O 和 O_2，从而减少自由基对有机体的毒害。

SOD 普遍存在于动植物体内，是一种清除超氧阴离子自由基的酶。本实验依据 SOD 抑制氮蓝四唑（NBT）在光照下的还原作用来确定酶活性大小。在有氧化物质存在时，核黄素可被光还原，被还原的核黄素在有氧条件下极易再氧化而产生 O_2^-，可将 NBT 还原为蓝色的甲腙，甲腙在 560 nm 处有最大吸收。而 SOD 可清除 O_2^-，从而抑制了甲腙的形成。于是光还原反应后，反应液蓝色越深，说明酶活性越低；反之，反应液蓝色越浅，酶活性越高。据此可以通过分光光度法计算出酶活性。

三、实验材料

逆境处理的植物叶片。

四、主要仪器设备、耗材与试剂

1. 主要仪器设备与耗材　研钵、高速冷冻离心机、分光光度计、计时器、微量移液枪、离心管、光照箱（光照度为 4 000 lx）、指形玻璃管、容量瓶（100 mL、200 mL、1 000 mL）等。

2. 主要试剂

（1）0.1 mol/L pH 7.8 磷酸钠（$Na_2HPO_4-NaH_2PO_4$）缓冲液

A 液（0.1 mol/L Na_2HPO_4 溶液）：准确称取 $Na_2HPO_4 \cdot 12H_2O$ 3.581 4 g 于 100 mL

小烧杯中，用少量蒸馏水溶解后，移入 100 mL 容量瓶中，用蒸馏水定容至刻度，充分混匀。4 ℃冰箱中保存备用。

B 液（0.1 mol/L NaH_2PO_4 溶液）：准确称取 $NaH_2PO_4 \cdot 2H_2O$ 0.780 g 于 50 mL 小烧杯中，用少量蒸馏水溶解后，移入 50 mL 容量瓶中，用蒸馏水定容至刻度，充分混匀。4 ℃冰箱中保存备用。

取上述 A 液 183 mL 与 B 液 17 mL 充分混匀，即为 0.1 mol/L pH 7.8 磷酸钠缓冲液。4 ℃冰箱中保存备用。

（2）0.05 mol/L pH 7.8 磷酸钠缓冲液　取 0.1 mol/L pH 7.8 磷酸钠缓冲液 50 mL，移入 100 mL 容量瓶中，用蒸馏水定容至刻度，充分混匀。4 ℃冰箱中保存备用。

（3）130 mmol/L 甲硫氨酸（Met）-磷酸钠缓冲液　准确称取 L-甲硫氨酸（$C_5H_{11}NO_2S$）0.969 9 g 于小烧杯中，用少量 0.05 mol/L pH 7.8 磷酸钠缓冲液溶解后，移入 50 mL 容量瓶中，并用 0.05 mol/L pH 7.8 磷酸钠缓冲液定容至刻度，充分混匀（现用现配）。4 ℃冰箱中保存，可用 1～2 d。

（4）750 μmol/L NBT 溶液　准确称取 NBT（$C_4OH_3OCl_2N_{10}O_6$）0.153 3 g 于100 mL 小烧杯中，用少量蒸馏水溶解后，移入 250 mL 容量瓶中，用蒸馏水定容至刻度，充分混匀（现配现用）。4 ℃冰箱中保存，可用 2～3 d。

（5）100 μmol/L Na_2EDTA 溶液　称取 37.2 mg Na_2EDTA，用蒸馏水溶解并定容至 100 mL，使用时稀释 100 倍。低温避光保存，可使用 8～10 d。

（6）20 μmol/L 核黄素溶液　称取 75.3 g 核黄素，用蒸馏水溶解并定容至 100 mL，使用时稀释 100 倍。低温避光保存，即用黑纸将装有该液的棕色瓶包好，现用现配。

五、实验步骤

1. 酶液的制备　按每克鲜叶加入 3 mL 0.05 mol/L pH 7.8 磷酸钠缓冲液，加入少量石英砂，于冰浴中的研钵内将其研磨成匀浆，移入刻度离心管中，并定容于 8 500 r/min 冷冻离心 30 min，上清液即为 SOD 酶粗提液。

2. 酶活力的测定　取试管 3 支，1 支为测定管，另 2 支为对照管，按表 19 依次加入各溶液。

表 19　测定 SOD 活性加入反应试剂的顺序和体积

试　剂	测定管	对照管 1	对照管 2
0.05 mol/L 磷酸钠缓冲液/mL	2.3	2.3	2.3
130 mmol/L Met-磷酸钠缓冲液/mL	0.4	0.4	0.4
750 μmol/L NBT 溶液/mL	0.4	0.4	0.4
100 μmol/L Na_2EDTA 液/mL	0.4	0.4	0.4
20 μmol/L 核黄素/mL	0.4	0.4	0.4
酶粗提液/mL	0.1	0	0
0.05 mol/L 磷酸钠缓冲液/mL	0	0.1	0.1

混匀后将 1 支对照管置于暗处，其他各管于 4 000 lx 日光下反应 20 min，然后立即遮光，以遮光管为对照调零，于 560 nm 下测定吸光度（要求各管受光一致，温度高时缩短时间，温度低时延长时间）。

3. SOD 活性测定与计算　至反应结束后，以未照光的对照管作空白，分别测定其他各管的吸光度。

六、结果与分析

已知 SOD 活性单位以抑制 NBT 光化还原的 50%为一个酶活性单位（U）表示。SOD 总活性以每克新鲜样品酶活性单位表示，按下式计算 SOD 活性。

$$\text{SOD 总活性（U/g）}=\frac{(A_{CK}-A_E)\times V}{A_{CK}\times 0.5\times m\times V_t}$$

式中：A_{CK}——照光对照管的吸光度；

A_E——样品管的吸光度；

V——样品液总体积，mL；

V_t——测定时样品体积用量，mL；

m——样品质量，g。

七、注意事项

① 通过预实验，预估显色反应所需的时间。

② 当测定样品数量较多时，可在临用前根据用量将表 19 中各试剂（核黄素和酶液除外）按比例混合后一次就加入 3.5 mL，然后依次加入核黄素和酶液，使终浓度不变，其余各步骤与上相同。

③ 要求各管受光一致，所有反应管应排列在与日光灯管平行的直线上。反应温度控制在 25 ℃，视酶活性高低适当调整反应时间。温度较高时，光照时间相应缩短；温度较低时，光照时间相应延长。

④ 所用指形管要透明，透光性好。用浅底广口的小玻璃皿照光效果更好。

⑤ 线粒体内 SOD 酶浓度较高，因此研磨要充分。

八、问题讨论

① 在 SOD 活性的测定中为什么设照光和未照光两个对照管？

② 影响本实验准确性的主要因素是什么？应该如何避免其影响？

实验三十一　植物呼吸酶活性的测定

一、实验目的

掌握测定抗坏血酸氧化酶及多酚氧化酶活性的方法。

二、实验原理

植物体内的呼吸酶，是催化植物在呼吸过程中进行氧化还原的一些酶类。植物体内的呼吸酶是将从基质传递来的电子，直接传递给氧并产生 H_2O 或 H_2O_2。植物体内的呼吸酶有抗坏血酸氧化酶、多酚氧化酶等。这个复杂的氧化酶系统，有助于植物对不良外界环境条件的适应。

1. 抗坏血酸氧化酶 抗坏血酸在抗坏血酸氧化酶的作用下，可以氧化为脱氢抗坏血酸。以抗坏血酸为底物，加入酶的提取液，酶与底物充分反应，其中的抗坏血酸氧化酶将抗坏血酸消耗一部分，根据消耗的多少来计算酶的活性。抗坏血酸消耗多，说明酶的活性强。

抗坏血酸的消耗量可用碘液滴定剩余的抗坏血酸来测定。

2. 多酚氧化酶 多酚氧化酶在有氧条件下，可以将酚氧化成邻醌。邻醌再与抗坏血酸作用，将它氧化成脱氢抗坏血酸。

上述反应中，由于醌类物质的氧化还原电位比抗坏血酸的高（邻醌 $\Delta E=0.696$ mV，抗坏血酸 $\Delta E=0.166$ mV），邻醌能夺取抗坏血酸上的氢，生成邻苯二酚。因此，在多酚氧化酶活性的测定中，参加反应的底物有两种，即邻苯二酚和抗坏血酸。多酚氧化酶的活性也可用抗坏血酸的消耗量求得。

三、实验材料

马铃薯芽。

四、主要仪器设备、耗材与试剂

1. 主要仪器设备与耗材 研钵、50 mL 容量瓶、50 mL 三角瓶、微量滴定管、移液管（5 mL、2 mL、1 mL）、恒温水浴锅等。

2. 主要试剂

（1）pH 6.0 磷酸盐缓冲液 A 液为 1/15 mol/L Na_2HPO_4 溶液，B 液为 1/15 mol/L K_2HPO_4 溶液，取 A 液 10 mL 与 B 液 90 mL 混匀即可。

（2）0.02 mol/L 焦儿茶酚 称取 0.22 g 焦儿茶酚溶于 100 mL 水中，试验当天配制。

（3）其他试剂 0.1% 抗坏血酸（试验当天配制）、10% 偏磷酸、1% 淀粉溶液、0.005 mol/L 碘液等。

五、实验步骤

1. 酶液的提取 称取马铃薯芽 2 g，放入研钵中，加少量石英砂，加 pH 6.0 磷酸盐缓冲液 5 mL，迅速研成匀浆，研碎后迅速放入 50 mL 容量瓶中，把全部材料都用蒸馏水洗入 50 mL 容量瓶中，最后用缓冲液定容至刻度。

在室温下，每隔 3 min 摇动一次，共摇 5 次，共计 15 min，再静止 20 min，其上清液即为酶的提取液。

2. 酶活性的测定 取 6 个 50 mL 干净、干燥的三角瓶，标上号码，按表 20 准确加入各试剂。

先在各烧瓶中加缓冲液、抗坏血酸及焦儿茶酚，并向 3 号烧瓶及 6 号烧瓶中加入 1 mL 偏磷酸，准确记录加入酶液的时间。反应 3 min 后立即向 1 号、2 号、3 号、4 号烧瓶中加入偏磷酸1 mL，停止酶的活动。然后加入 3 滴淀粉溶液指示剂，用 0.005 mol/L 碘液滴定。直到出现浅蓝色为止。记录消耗碘液的体积。

表 20　测定呼吸酶活性加入反应试剂的顺序和体积

烧瓶号	缓冲液/mL	抗坏血酸/mL	焦儿茶酚/mL	偏磷酸/mL	酶液/mL	偏磷酸/mL	备注
1	4	2	0	0	2	1	测抗坏血酸氧化酶
2	4	2	0	0	2	1	测抗坏血酸氧化酶
3	4	2	0	1	2	0	空白测定
4	3	2	1	0	2	1	测多酚氧化酶
5	3	2	1	0	2	1	测多酚氧化酶
6	3	2	1	1	2	0	空白测定

六、结果与分析

酶活性以每克鲜组织每分钟氧化抗坏血酸的质量（mg）表示。

$$抗坏血酸氧化酶活性\ [mg/(g\cdot min)]=\frac{(V_1-V_2)\times 0.44\times V_3}{m\times t}$$

$$多酚氧化酶活性\ [mg/(g\cdot min)]=\frac{(V_1-V_4)\times 0.44\times V_3}{m\times t}-抗坏血酸氧化酶活性$$

式中：V_1——空白测定瓶消耗的碘液体积，mL；

V_2——抗坏血酸氧化酶测定瓶消耗的碘液体积，mL；

V_3——酶提取液总体积，mL；

V_4——多酚氧化酶测定瓶消耗的碘液体积，mL；

m——样品质量，g；

t——反应时间，min；

0.44——每毫升 0.005 mol/L 碘液氧化抗坏血酸的质量，mg/mL。

由于多酚氧化酶提取液中有两种酶，4 号烧瓶与 5 号烧瓶中又有两种底物，所以 4 号烧瓶与 5 号烧瓶中实际包括两种酶，在求多酚氧化酶的活性时必须减去抗坏血酸氧化酶的活性。

七、注意事项

① 酶活性受 pH 影响明显，因而在酶液提取时缓冲液的 pH 要准确。

② 呼吸酶的活性也受温度、空气中氧气浓度的影响，因而在酶液提取时应注意温度一致，应及时提取酶液并测定。

八、问题讨论

抗坏血酸氧化酶与多酚氧化酶在代谢中各自的作用是什么？对生物体适应逆境具有什么功能？

实验三十二　脲酶米氏常数的简易测定

一、实验目的

了解脲酶的功能，掌握测定米氏常数（K_m）的原理和方法。

二、实验原理

脲酶是氮素循环的关键酶之一，脲酶催化下列反应：

$$(NH_2)_2CO + 2H_2O \xrightarrow{\text{脲酶}} (NH_4)_2CO_3$$

在碱性条件下，碳酸铵与奈氏试剂作用，产生橙黄色的碘化双汞铵。在一定范围内，其颜色深浅与碳酸铵量成正比。可用比色法测定单位时间内酶促反应所产生的碳酸铵的量，从而求得酶促反应速度。

$$(NH_4)_2CO_3 + 8NaOH + 4(KI)_2HgI_2 \longrightarrow 2O\begin{matrix}Hg\\ \diagup\quad\diagdown\\ \diagdown\quad\diagup\\ Hg\end{matrix}NH_2I + 6NaI + 8KI + Na_2CO_3 + 6H_2O$$

橙黄色

在保持最适条件下，用相同浓度的脲酶催化不同浓度的尿素发生水合反应。在一定限度内，酶促反应与脲浓度成正比。用双倒数作图法即可求得脲酶的 K_m 值。

三、实验材料

大豆粉。

四、主要仪器设备、耗材与试剂

1. 主要仪器设备与耗材　分光光度计、天平、漏斗及支架、恒温水浴锅、离心机、移液管、试管等。

2. 主要试剂

（1）pH 7.0 磷酸钠缓冲液　称取 5.969 g Na_2HPO_4，用蒸馏水溶解并定容至 250 mL。称取 2.268 g NaH_2PO_4，用蒸馏水溶解并定容至 250 mL。取 Na_2HPO_4 溶液 60 mL、NaH_2PO_4 溶液 40 mL，混匀，即为 pH 7.0 磷酸钠缓冲液。

（2）10%碳酸铵　称取 20 g 碳酸铵，用蒸馏水溶解并定容至 200 mL。

（3）0.5 mol/L 氢氧化钠溶液　称取 5 g 氢氧化钠，用蒸馏水溶解，定容至 250 mL。

（4）10%酒石酸钾钠　称取 20 g 酒石酸钾钠，溶于 200 mL 蒸馏水中。

（5）其他试剂　奈氏试剂、尿素、30%乙醇等。

五、实验步骤

1. 脲酶提取　称取大豆粉 1 g，加入 30%乙醇 25 mL，充分摇匀后，置于冰箱中过夜，次日 2 000 r/min 离心 3 min，取上清液备用。

2. 制作标准曲线　取 6 支试管，编号，按表 21 加入各种试剂，立即摇匀，以 1 号管作为参比，在 460 nm 下比色，记录吸光度值。以碳酸铵的含量为横坐标，吸光度为纵坐标，绘制标准曲线，并计算得出线性方程。

表 21　碳酸铵标准曲线制作的溶液配制

管号	10%碳酸铵/mL	蒸馏水/mL	氢氧化钠溶液/mL	10%酒石酸钾钠溶液/mL	奈氏试剂/mL
1	0	5.8	0.2	0.5	1.0
2	0.1	5.7	0.2	0.5	1.0
3	0.15	5.65	0.2	0.5	1.0
4	0.20	5.6	0.2	0.5	1.0
5	0.25	5.55	0.2	0.5	1.0
6	0.30	5.5	0.2	0.5	1.0

3. 酶促反应速度的测定　取试管 5 支，编号，按照表 22 进行操作。

表 22　酶促反应速度的测定 1

管号	尿素浓度(mol/L)	尿素/mL	磷酸缓冲液/mL	保温处理	脲酶/mL	煮沸脲酶/mL	保温处理	硫酸锌溶液/mL	蒸馏水/mL	氢氧化钠溶液/mL
1	0.050	0.20	0.60	37 ℃水浴保温 5 min	0.20	0	37 ℃水浴保温 10 min	0.5	3.0	0.5
2	0.033	0.20	0.60		0.20	0		0.5	3.0	0.5
3	0.025	0.20	0.60		0.20	0		0.5	3.0	0.5
4	0.020	0.20	0.60		0.20	0		0.5	3.0	0.5
5	0.20	0.20	0.60		0	0.20		0.5	3.0	0.5

摇匀，静置 5 min 后，3 000 r/min 离心 5 min，取上清液，供下一步骤使用。

再取 5 支试管，编号，与上述各试管对应，按表 23 加入试剂。

表 23　酶促反应速度的测定 2

管号	上清液/mL	蒸馏水/mL	10%酒石酸钾钠溶液/mL	奈氏试剂/mL
1	2.0	4.0	0.5	1.0
2	2.0	4.0	0.5	1.0
3	2.0	4.0	0.5	1.0
4	2.0	4.0	0.5	1.0
5	2.0	4.0	0.5	1.0

迅速摇匀，以表 23 中 5 号试管为参比，在 460 nm 处比色，记录吸光度。

六、结果与分析

依据线性方程中脲酶作用于不同浓度尿素产生碳酸铵的量，以单位时间碳酸铵生成量的倒数即 $1/v$ 为纵坐标，以对应的尿素浓度的倒数即 1/［S］为横坐标，作双倒数图，求出 K_m 值。

七、注意事项

① 准确控制各管酶反应时间，使其尽量一致。
② 按各表中顺序加入各种试剂，试剂务必摇匀。

八、问题讨论

① K_m 值的物理意义是什么？
② 本实验的关键是什么？
③ 除了双倒数作图法，还有哪些方法可求出 K_m 值？

实验三十三　亲和层析纯化胰蛋白酶

一、实验目的

理解亲和层析法的基本原理，理解和掌握亲和层析实验操作技术。

二、实验原理

生物分子间存在很多特异性的相互识别，如抗原与抗体、酶活性中心与专一性底物等，都能专一而可逆地结合，这种结合力称为亲和力。亲和层析的原理就是通过将具有亲和力的两个分子中的一个固定在不溶性基质上，利用分子间亲和力的特异性和可逆性，对另一个分子进行分离纯化。被固定在基质上的分子称为配基。

本实验为了纯化胰蛋白酶，采用胰蛋白酶的天然抑制剂——鸡卵黏蛋白作为配基制成亲和吸附剂，从胰脏粗提取液中纯化胰蛋白酶。鸡卵黏蛋白是专一性较高的胰蛋白酶抑制剂，对牛和猪的胰蛋白酶有相当强的抑制作用，但不抑制糜蛋白酶。在 pH 7～8 的缓冲液中，鸡卵黏蛋白与胰蛋白酶牢固地结合，而在 pH 2～3 时，它又能被解离下来。因此，采用鸡卵黏蛋白作成亲和吸附剂可以从胰脏粗提取液中通过一次亲和层析直接获得高活力的胰蛋白酶制品。

三、实验材料

猪的胰脏。

四、主要仪器设备、耗材与试剂

1. 主要仪器设备与耗材　恒温水浴锅、紫外分光光度计、天平、离心杯、层析柱、移液管、匀浆器、pH 计等。

2. 主要试剂

（1）主要试剂　pH 4.0 乙醇酸化水、2.5 mol/L H_2SO_4、0.2 mol/L HCl、5 mol/L NaOH、甲酸、$CaCl_2$、KCl、乙酸、亲和吸附剂（鸡卵黏蛋白偶联 Sepharose－4B 载体）等。

（2）主要贮存溶液

① 鸡卵黏蛋白层析液。0.02 mol/L pH 7.3 Tris－HCl 缓冲液 1 L。
② DEAE－纤维素处理液。0.05 mol/L HCl 溶液 300 mL 和 0.05 mol/L NaOH－

0.5 mol/L NaCl 溶液 300 mL。

③ 卵黏蛋白洗脱液。0.02 mol/L pH 7.3 Tris－HCl 缓冲液（含 0.3 mol/L NaCl）150 mL。

④ 亲和柱平衡液。0.1 mol/L pH 8.0 Tris－HCl 缓冲液（内含 0.5 mol/L KCl、0.5 mol/L $CaCl_2$）500 mL。

⑤ 亲和柱解析液。0.1 mol/L 甲酸－0.5 mol/L KCl（pH 2.5）500 mL。

⑥ 1 mol/L BAEE（苯甲酰精氨酯乙酯）底物缓冲液。34 mg BAEE 溶于 50 mL pH 8.0 0.05 mol/L Tris－HCl 缓冲液（内含 0.2% $CaCl_2$）中，临用前配制，冰箱中可保存 3 d。

五、实验步骤

1. 粗胰蛋白酶的制备　取 100 g 新鲜冰冻的猪胰脏，剥去脂肪及结缔组织后在匀浆机中匀浆，加入约 200 mL 预冷的乙醇酸化水（pH＝4.0），8～10 ℃条件下，搅拌提取 4～5 h，然后用 4 层纱布挤滤。残渣再用约 100 mL 乙醇酸化水搅拌提取 1 h，4 层纱布挤滤。收集合并两次滤液，用 2.5 mol/L H_2SO_4 调 pH 为 2.5～3.0，放置 1～2 h（静置期间要检查 pH，应始终保持在 2.5～3.0），最后用滤纸过滤，收集滤液。

2. 胰蛋白酶原激活　将滤液用 5 mol/L NaOH 调 pH 为 8.0，加固体 $CaCl_2$，使溶液中 Ca^{2+} 的浓度达到 0.1 mol/L（注意应先取 2 mL 胰蛋白酶粗提液测定激活前的蛋白含量及酶活性）。然后加入 2～5 mg 结晶胰蛋白酶，于 5 ℃冰箱放置 18～20 h 进行激活（或在 20～25 ℃激活 2～4 h）即可完成。激活期间，分别在 16 h、18 h 取样，测酶的活性，待酶的比活力达到 800～1 000 BAEE 单位/mg 时，停止激活。用 2.5 mol/L 的 H_2SO_4 调 pH 为 2.5～3.0，滤去 $CaSO_4$ 沉淀物，滤液放冰箱内备用。

3. 亲和层析纯化胰蛋白酶

（1）装柱　取一支层析柱，先装入 1/4 体积的亲和柱平衡液（含 0.05 mol/L $CaCl_2$ 的 0.1 mol/L pH 8.0 Tris－HCl 溶液）。然后将亲和吸附剂轻轻摇匀，缓缓加入柱内，待其自然沉降，调好流速为每 10 min 3 mL 左右，用亲和柱平衡液平衡冲洗，至检测流出液 $A_{280}<0.02$。

（2）上样　将胰蛋白酶粗提液用 5 mol/L NaOH 调至 pH 为 8.0（若有沉淀，过滤去除）。取一定体积上述澄清溶液上柱吸附。上样体积可大致按下列公式计算：

$$\text{胰蛋白酶提取液浓度（mg/mL）}=\frac{A_{280}\times\text{稀释倍数}}{1.35}$$

$$\text{胰蛋白酶上样体积（mL）}=\frac{m\times 0.84\times 1.3\times 10^4}{c\times B}\times 1.5$$

式中：A_{280}——胰蛋白酶提取液在 280 nm 下的吸光度；

1.35——猪胰蛋白酶在 280 nm 下的消光系数；

m——卵黏蛋白偶联的总质量，mg；

0.84——1 mg 卵黏蛋白能抑制约 0.84 mg 胰蛋白酶；

1.3×10^4——纯化后胰蛋白酶比活力的近似值；

c——胰蛋白酶提取液的浓度，mg/mL；

B——胰蛋白酶粗提液的比活力，BAEE 单位/mg；

1.5——上样量过量50%。

吸附完毕，先用平衡液洗涤，至流出液 A_{280}<0.02，再换洗脱液洗脱。

(3) 洗脱及收集胰蛋白酶　用亲和柱解析液进行洗脱。洗脱速度为每 10 min 2～4 mL，然后收集蛋白产出最高时间段的胰蛋白酶，并测定收集液的蛋白含量、酶的比活力及总活力。

亲和层析柱用平衡液平衡后可再次作亲和层析。若柱内加入防腐剂0.01%叠氮化钠，在冰箱中保存，至少一年内活性不丧失。

4. 胰蛋白酶酶活力的测定　取2个光径为1 cm的带盖石英比色杯，先在一只杯中加入25 ℃预热过的2.0 mL pH 8.0的0.05 mol/L Tris-HCl缓冲液（含0.2% $CaCl_2$）、0.2 mL 0.2 mol/L HCl，然后再加0.8 mL 1 mmol/L BAEE底物缓冲液（含0.2% $CaCl_2$）作为空白，矫正仪器波长253 nm处吸光度为0。再在另一个比色杯中加入0.2 mL待测酶液（一般含10 μg结晶的胰蛋白酶），立即混匀并计时（杯内已有2.0 mL pH8.0的0.05 mol/L Tris-HCl缓冲液和0.8 mL BAEE底物缓冲液）。每0.5 min读数一次，共读数2～4 min。若每分钟 ΔA_{253}>0.400，则酶液应当稀释或减量，控制每分钟 ΔA_{253} 为0.05～0.100为宜。

六、结果与分析

胰蛋白酶活力单位：在以BAEE为底物，反应液pH8.0，25 ℃，反应体积3.0 mL，光径1 cm的条件下，测定 ΔA_{253}，以每分钟使 ΔA_{253} 增加0.001，反应液中所加入的酶量为1个BAEE单位。

$$\text{胰蛋白酶溶液的活力单位（BAEE 单位）} = \frac{\Delta A_{253}}{0.001 \times \text{酶液加入体积}} \times \text{稀释倍数}$$

$$\text{胰蛋白酶比活力（BAEE 单位/mg）} = \frac{\text{酶液活力（BAEE 单位）}}{\text{胰蛋白酶浓度（mg/mL）} \times \text{酶液加入体积（mL）}}$$

七、问题讨论

① 亲和层析的原理是什么？

② 亲和层析技术的基本操作流程如何？

实验三十四　聚丙烯酰胺凝胶圆盘电泳分离植物过氧化物酶同工酶

一、实验目的

掌握利用聚丙烯酰胺凝胶圆盘电泳分离同工酶的原理和方法。

二、实验原理

同工酶指催化同一种化学反应，其酶蛋白本身的分子结构组成有所不同的一组酶。一种酶的各个同工酶，由于彼此的一级结构不同，因而高级结构（构象）也不同，其化学、物理和生物学性质方面都有明显差异，而这些差异是分析和鉴定同工酶的理论基础。

在同工酶的分析和鉴定方法中，以电泳法应用最多。这是因为电泳法能够简便、快速、准确地分离某种酶的各种同工酶组分。

以聚丙烯酰胺为支持介质的电泳称为聚丙烯酰胺凝胶电泳（PAGE）。聚丙烯酰胺凝胶由 Acr 单体和交联剂 Bis 在催化剂作用下聚合而成，具有三维网状结构，其网孔大小可由凝胶浓度和交联度加以调节。PAGE 根据其有无浓缩效应，分为连续系统与不连续系统两大类，本实验利用不连续系统。PAGE 不连续电泳胶由浓缩胶和分离胶组成，采用电泳基质不连续体系的不连续性（包括凝胶层的不连续性、缓冲液离子成分的不连续性、pH 的不连续性和电位梯度的不连续性）使样品在不连续的两层胶之间积聚浓缩成很薄的起始区带（厚度为 0.01 cm），通过电泳可以得到有效的分离。正是由于 PAGE 不连续电泳胶的不连续性，使得在电泳体系中集“样品浓缩效应、分子筛效应及电荷效应”为一体，使样品分离效果好，具有较高的分辨率。

过氧化物酶是植物体内常见的氧化酶，它在细胞代谢过程中与呼吸作用、光合作用，以及生长素的氧化等都有关系。它能催化 H_2O_2 将联苯氨氧化成蓝色或棕褐色产物。因此，将经过电泳后的凝胶置于 H_2O_2 -联苯胺溶液中染色，出现蓝色或褐色的部位即为过氧化物酶同工酶在凝胶中存在的位置，多条有色带即构成过氧化物酶同工酶的酶谱。

三、实验材料

甘薯块根表层、蚕豆或者绿豆幼苗下胚轴等植物材料。

四、主要仪器设备、耗材与试剂

1. 主要仪器设备与耗材　电泳槽和电泳仪、匀浆器、离心机、移液管、移液器、拨胶长解剖针（针长约 10 cm）、电泳管、胶头滴管、橡胶圈、橡胶膜等。

2. 主要试剂

（1）凝胶储液

A 液：1.0 mol/L 盐酸 24.0 mL、Tris 15.85 g、TEMED 0.32 mL，加水溶解并定容至 100 mL，pH 8.9。

B 液：丙烯酰胺 30 g、*N*,*N*-亚甲基双丙烯酰胺 0.8 g，用水溶解并定容至 100 mL。

C 液：0.14 g 过硫酸铵用水溶解并定容至 100 mL。

D 液：0.56 g 过硫酸铵用水溶解并定容至 100 mL。

E 液：1.0 mol/L 盐酸 48.0 mL、Tris 5.98 g、TEMED 0.46 mL，加水溶解并定容至 100 mL。

F 液：精确称取丙烯酰胺 10.5 g、*N*,*N*′-亚甲基双丙烯酰胺 2.5 g，用少量蒸馏水溶解，并用蒸馏水定容至 100 mL。

G 液：34.2 g 蔗糖用少量蒸馏水溶解，并用蒸馏水定容至 100 mL。

注意：C 液和 D 液的浓度虽然为常用浓度，但是要根据实际凝胶情况合理调整过硫酸铵浓度，因此，每次要做预备实验，通过预备实验调整 C 液和 D 液的浓度，而且 C 液和 D 液要现配现用，放置不超过 1 周时间；TEMED 容易失效，因此每次使用时最好确定它是没有问题的。

（2）电极缓冲液　取 Tris 2.0 g、甘氨酸 56.8 g，用水溶解并定容至 1 000 mL，用时稀释 10 倍。

（3）染色液储液

① 2%联苯胺。精确称取10.0 g联苯胺，用100 mL冰乙酸溶解，然后用蒸馏水定容至500 mL。

② 4% NH_4Cl。精确称取4.0 g NH_4Cl，用少量蒸馏水溶解后再用蒸馏水定容至100 mL。

③ 5% Na_2EDTA。精确称取5.0 g Na_2EDTA，用少量蒸馏水溶解后再用蒸馏水定容至100 mL。

使用时，将2%联苯胺、4% NH_4Cl、5% Na_2EDTA、H_2O按照2∶1∶1∶6的体积比量取，混匀后，加5滴30%的过氧化氢溶液。

（4）其他试剂　0.1%溴酚蓝、40%蔗糖溶液等。

五、实验步骤

1. 样品液的制备　取洗净的甘薯，用小刀取甘薯表皮（不能太厚），用粉碎机按每100 g甘薯皮中加入200 mL电极缓冲液的比例打磨成匀浆，用多层纱布过滤后，5 000×g离心30 min，取上清液备用。

2. 凝胶的制备

（1）准备工作　每组取玻璃管2支，从底部往上测量6 cm处和6.5 cm处做好标记。用封口膜封玻璃管底部一端保证不漏液体，统一垂直放于架子上。

（2）分离胶工作液制备和铸型　各取A液5 mL、B液5 mL、C液10 mL，混合得到分离胶工作液，供12支玻璃管用。用胶头吸管吸取分离胶工作液，沿管壁注入液体至6 cm标记处（操作要快，以防变为固体）。在胶液上方加一层水（加水时动作要轻）。垂直静置15 min。水与凝胶之间形成清晰的界面后，吸干水分，供制备浓缩胶工作液使用。

（3）浓缩胶工作液的配制和铸型　各取D液1 mL、E液1 mL、F液2 mL、G液4 mL，混合得到浓缩胶工作液，供12支玻璃管用，加到已经凝固的分离胶上，达到6.5 cm处。在胶液上方加一层水（3 mm以上），聚合15 min，胶液变成不透明的乳白色。聚合完成。

3. 电泳

（1）安装电泳槽　向电泳槽下槽加入适量的甘氨酸-Tris电泳缓冲液。去掉玻璃管下端的封口膜，将玻璃管固定在电泳槽上。

（2）点样　在凝胶管中点样品液50～100 μL，用G液填满玻璃管剩余空间，蔗糖是为了增加样品的密度，防止样品溢出。在上槽中加2～3滴溴酚蓝指示剂。

（3）电泳　电泳上槽接负极，下槽接正极，开始电流为每管3 mA，样品至分离胶时，每管电流加大到5 mA，加满电极缓冲液。当溴酚蓝指示剂达到距管底约1 cm处时，切断电源，终止电泳。

（4）剥胶　取下玻璃管，用装有长针头的注射器沿玻璃管内壁慢慢地边注水边进入，并试着沿玻璃管内壁轻轻转动针头。当胶条松动时，用洗耳球小心地将胶条压出，装于培养皿中。

（5）染色　将染色液倒入盛有凝胶条的培养皿中（没过胶条）。约5 min后用自来水冲洗。

六、结果与分析

① 绘制过氧化物酶的同工酶谱。

② 指出样品中过氧化物酶同工酶的种类。

七、注意事项

① 在整个清洗过程中要轻拿轻放，以免将玻璃板弄碎。同时，清洗玻璃板不允许使用强酸、强碱以及乙醇溶液，一般用清水加一点洗涤剂进行清洗，然后用清水冲净洗涤剂，最后用去离子水或蒸馏水润洗。

② 在整个实验过程中，要注意实验安全，凝胶、联苯胺等试剂有毒，应戴乳胶手套或一次性手套操作。

③ 在电泳过程中不允许用手去触摸电极缓冲液，以免触电。

八、问题探讨

① 不连续电泳中的浓缩效应是怎样引起的？

② 为什么要在样品中加入少许溴酚蓝和一定浓度的蔗糖溶液？

③ 影响电泳的主要因素有哪些？

实验三十五　聚丙烯酰胺凝胶电泳分析法分离酯酶

一、实验目的

掌握聚丙烯酰胺凝胶电泳分析植物同工酶的原理、方法，熟悉垂直板型电泳槽的使用，掌握植物酯酶同工酶的分离、检测方法。

二、实验原理

带电粒子在电场中向带有相反电荷的电极移动的过程称为电泳，在一定的 pH 条件下，不同蛋白质分子具有不同的电荷、大小与形状，在电场中经一定时间的电泳，便会集中到特定的位置上而形成紧密的泳动带。

蛋白质电泳不仅能测定未知蛋白质的相对分子质量，也能检测样品中蛋白质的组成情况，根据电泳图谱中区带的存在与否、色泽深浅以及所处的相对分子质量范围，可以判断样品中是否含有目标蛋白质，有哪些杂蛋白组分，各蛋白质组分的相对含量等信息。不同组分的蛋白质（包括同工酶），其分子组成、结构、大小、形状均有所不同，在溶液中所带的电荷多寡不同，在电场中的运动速度也不同。因此，蛋白质经过电泳便会分成不同的区带，用适当的染料着色，这样就可以在凝胶上展现出蛋白质或同工酶的谱带。

三、实验材料

小麦种子。

四、主要仪器设备、耗材与试剂

1. 主要仪器设备与耗材 离心管、高速离心机、容量瓶、天平、滴管、研钵、电泳仪、垂直板型电泳槽、移液器等。

2. 主要试剂

(1) 样品提取液 称取 Tris 12.1 g，溶于重蒸水中，用浓 HCl 调 pH 至 7.0，以重蒸水定容至 1 000 mL。

(2) 凝胶贮液 称取 30 g 丙烯酰胺和 0.8 g 亚甲基双丙烯酰胺，溶于 100 mL 重蒸水中，于4 ℃暗处贮存，一个月内使用。

(3) 1 mol/L pH 8.8 Tris－HCl 缓冲液 称取 Tris 121 g，溶于重蒸水中，用浓 HCl 调 pH 至 8.8，以重蒸水定容至 1 000 mL。

(4) 0.5 mol/L pH 6.8 Tris－HCl 缓冲液 称取 Tris 60.5 g，溶于重蒸水中，用浓 HCl 调 pH 至 6.8，以重蒸水定容至 1 000 mL。

(5) 10% SDS 称取 10 g SDS，用重蒸水溶解并定容至 100 mL。

(6) 10%过硫酸铵（AP） 称取 1 g 过硫酸铵，用蒸馏水溶解并定容至 10 mL，现用现配。

(7) 酯酶同工酶显色液 称取 30 mg α－乙酸萘酯、30 mg β－乙酸萘酯、50 mg 固蓝 RR 盐，先用约 4 mL 丙酮溶解，再用 0.1 mol/L pH 6.5 磷酸缓冲液稀释至 60 mL。

(8) 其他试剂 0.5 mg/mL 标准蛋白质溶液、TEMED、40%蔗糖、电极缓冲液等。

五、实验步骤

(1) 样品液的制备 称取 1 g 小麦种子，加入 2 mL 样品提取液，置冰浴研磨成匀浆后定容至 5 mL，8 000 r/min 离心 6 min，取上清液贮于冰箱备用。

(2) 分离胶的制备 在小烧杯中，按表 24 的配方和顺序配制 7%浓度的分离胶。分离胶混匀后，迅速用移液器吸取胶液，加至玻璃板间的间隙中，当分离胶液面距离平面玻璃板顶端约 2 cm 处时停止加胶液，再用 1 mL 移液器沿玻璃板内壁注入 5～8 mm 高的水层，利用水的压力平衡分离胶的胶面，使分离胶压制成一条直线，用于隔绝空气。在室温下放置 40 min 左右，分离胶即可完全凝聚。然后把水倒掉，可见清晰的线状分离胶液面。

表 24 7%浓度的分离胶配方

试 剂	用量
凝胶贮液/mL	3.5
pH 8.8 Tris－HCl 缓冲液/mL	3.8
重蒸水/mL	7.5
10% SDS/mL	0.15
TEMED/μL	30
10%过硫酸铵/μL	30

(3) 浓缩胶的制备 按照表 25 的配方及顺序配制 4%的浓缩胶，将浓缩胶在小烧杯中混匀，迅速用移液器吸取胶液，沿着凹面玻璃板表面将其灌注在每块分离胶上，直至浓缩胶

的液面达到平面玻璃板顶部，小心插入加样梳，避免混入气泡，将电泳槽垂直静置，直到浓缩胶完全聚合（一般为 30 min 左右）。

表 25　4%的浓缩胶配方

试　剂	用量
凝胶贮液/mL	0.7
pH 6.8 Tris-HCl 缓冲液/mL	0.7
重蒸水/mL	3.55
10% SDS/μL	50
TEMED/μL	20
10%过硫酸铵/μL	15

凝聚后，小心取出加样梳，防止把点样孔弄破。用重蒸水冲洗点样孔，除掉未凝聚的丙烯酰胺等杂物。用滤纸吸出点样孔中的水。

（4）点样及电泳

① 向上下槽注入电极缓冲液，取下样品梳（不要拉断样槽隔墙）。取粗酶提取液 1 mL 与 40%蔗糖溶液 1 mL 混合，混合液中加入溴酚蓝指示剂 2～3 滴后混匀，作为样品进行点样。标准蛋白质溶液点在正中央的点样孔中，待测蛋白质溶液分别点在左、右两边的点样孔中。

② 上槽接负极，下槽接正极，接通电源，电流调至 15～20 mA，待样品进入分离胶后，电流调至 40～50 mA，溴酚蓝染料到达凝胶前沿 1 cm 时，停止电泳。

③ 电泳结束后，取下玻璃板，在用水湿润的情况下，小心撬开玻璃板，将胶从玻璃板上剥离。

（5）染色与脱色　将胶板浸入染色液中，室温下显色约 40 min，可看到桃红色的磷酸酯酶同工酶区带。弃去染色液，用蒸馏水漂洗，然后加入 7%乙酸溶液进行脱色、固定。

六、结果与分析

① 观察酶带条数，计算相对迁移率。相对迁移率的计算：用直尺分别量出样品区带中心及溴酚蓝指示剂距凝胶顶端的距离，然后按下列公式计算出每一种蛋白的相对迁移率。

$$相对迁移率=\frac{样品迁移距离（cm）}{指示剂迁移距离（cm）}$$

② 酯酶活性高低可根据酶带的强弱进行描述，可分为强、中、弱；还可利用专门的图像处理系统进行扫描，通过观察其峰值高低来度量。将脱过色的凝胶按照颜色深浅绘成的谱带图作为实验报告的凭证。

③ 根据酶带条数、相对迁移率、酯酶活性强弱，分析小麦酯酶特点。

七、问题讨论

① 同工酶能较为直接地反映植物间某些基因的异同，通过酯酶同工酶分析能否进行物种亲缘关系远近的鉴定？

② 聚丙烯酰胺凝胶电泳和 SDS-聚丙烯酰胺凝胶电泳均可进行蛋白质的分离，本实验为什么不采用 SDS-聚丙烯酰胺凝胶电泳？

实验三十六　还原型维生素C含量的测定

一、实验目的

学习用2,6-二氯酚靛酚定量测定法测定维生素C含量的原理和方法。

二、实验原理

维生素C又称为抗坏血酸，是呈无色、无臭的片状晶体，易溶于水，不溶于有机溶剂，在酸性环境和还原环境中较稳定。维生素C具有很强的还原性，很容易被氧化成脱氢维生素C，但其反应是可逆的，并且维生素C和脱氢维生素C具有同样的生理功能，但脱氢维生素C若继续氧化，会生成二酮古洛糖酸，则反应不可逆而使维生素C完全失去生理效能。维生素C遇空气中氧、热、光、碱性物质，特别是有氧化酶及痕量铜、铁等金属离子存在时，可促进其氧化。

维生素C分子中存在烯醇式结构（HO—C═C—OH），因而具有很强的还原性，还原型维生素C能还原2,6-二氯酚靛酚染料。2,6-二氯酚靛酚染料在酸性溶液中呈粉红色至红色，在中性或碱性溶液中呈蓝色。因此，当用2,6-二氯酚靛酚染料滴定含有维生素C的酸性溶液时，2,6-二氯酚靛酚染料被还原后红色消失成为无色的衍生物。还原型维生素C还原染料后，本身被氧化为脱氢维生素C。当维生素C全部被氧化时，滴下的2,6-二氯酚靛酚溶液呈红色。在测定过程中，当溶液从无色转变成微红色时，表示维生素C全部被氧化，此时即为滴定终点。根据滴定消耗染料标准溶液的体积，可以计算出被测定样品中维生素C的含量。

在没有杂质干扰时，一定量的样品提取液还原标准染料液的量，与样品中所含维生素C的量成正比。

反应式如下：

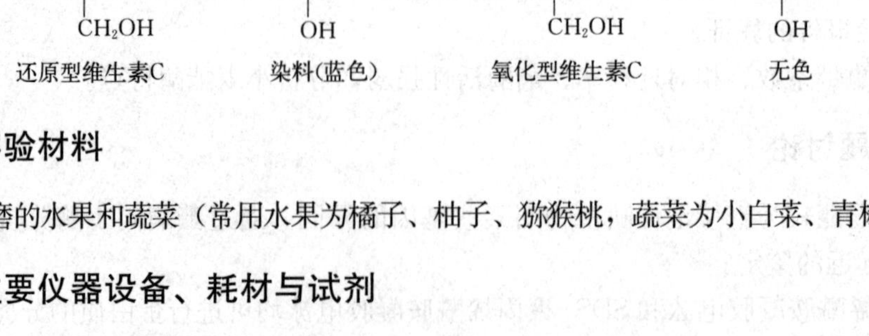

还原型维生素C + 染料（蓝色） ⟶ 氧化型维生素C + 无色

三、实验材料

容易研磨的水果和蔬菜（常用水果为橘子、柚子、猕猴桃，蔬菜为小白菜、青椒、黄瓜等）。

四、主要仪器设备、耗材与试剂

1. 主要仪器设备与耗材　酸式滴定管、锥型三角瓶、不锈钢剪刀或刀子、研钵、滤纸、漏斗及漏斗架、移液管等。

2. 主要试剂

(1) 2%草酸 称取 20.0 g 草酸溶于少量蒸馏水中，用蒸馏水定容至 1 000 mL。

(2) 2,6-二氯酚靛酚钠溶液 称取 60 mg 2,6-二氯酚靛酚钠，放入 200 mL 容量瓶中，加热蒸馏水 100～150 mL，滴加 0.01 mol/L 氢氧化钠 4～5 滴，冷却后加水至刻度，滤纸过滤。此溶液储存于棕色瓶中，置于冰箱中备用，有效期 1 周，使用前标定。

(3) 标准维生素 C 溶液 称取 10.0 mg 维生素 C（抗坏血酸），溶于 2%草酸中，并用 2%草酸定容至 100 mL。

五、实验步骤

1. 临用前标定 取 10 mL 标准维生素 C 溶液，用 2%草酸定容至 200 mL。吸取稀释后的维生素 C 溶液 10 mL，放于 50 mL 三角瓶中，同时吸取 10 mL 2%草酸于另一个 50 mL 三角瓶作空白对照。立即用 2,6-二氯酚靛酚钠溶液滴定至粉红色出现 15 s 不消失为止，记录其所用体积（mL），按照下列公式计算 K 值：

$$K=\frac{10}{100}\times\frac{10}{200}\times\frac{10}{V}$$

式中：K——1 mL 染料溶液所能氧化维生素 C 的质量，mg/mL；

V——滴定 10 mL 稀释后的维生素 C 时所消耗 2，6-二氯酚靛酚钠溶液体积与空白滴定所消耗染料溶液体积的差值，mL。

2. 样品的提取 将 5.0 g 新鲜植物样品置于研钵中，加入 2%草酸 5 mL，研磨成匀浆，转移提取液至 50 mL 容量瓶中，将残渣用 2%草酸继续提取 2 次，转移至同一容量瓶中。用 2%草酸定容至 50 mL，摇匀、过滤，滤液即为待测液。

3. 样品的测定 用移液管吸取 10 mL 滤液置于三角瓶内，立即用 2，6-二氯酚靛酚钠溶液滴定至终点（淡粉红色，15 s 不褪色或观察氯仿层呈现淡红色）。记录所用体积。同时吸取 10 mL 2%草酸于另一个 50 mL 三角瓶作空白对照，立即用 2,6-二氯酚靛酚钠溶液滴定至粉红色出现 15 s 不消失为止，记录其所用体积。

六、结果与分析

$$每 100\ g 样品中维生素 C 的含量（mg）=\frac{(V_1-V_2)\times K\times A}{m}\times 100$$

式中：V_1——滴定样品时耗去的 2,6-二氯酚靛酚钠溶液的体积，mL；

V_2——滴定空白时耗去的 2,6-二氯酚靛酚钠溶液的体积，mL；

K——1 mL 2,6-二氯酚靛酚钠溶液所氧化维生素 C 的质量，mg/mL；

A——稀释倍数；

m——称取新鲜样品的质量，g。

七、注意事项

① 维生素 C 不稳定，在空气中易被氧化，研磨时，尽可能要快，以减少维生素 C 的氧化。

② 2%草酸可以有效抑制维生素 C 氧化酶的活性。若样品中含有大量 Fe^{2+}，可用 8%乙

酸溶液提取，这是因为在2%草酸中Fe^{2+}仍可以还原2,6-二氯酚靛酚钠，改用8%乙酸溶液提取，Fe^{2+}不会很快与染料起作用。

③ 维生素C提取时要避光，避免与铜、铁接触，以免维生素C被氧化。

④ 整个操作过程要迅速，防止还原型维生素C被氧化。滴定过程一般不超过2 min。滴定所用的染料体积不应小于1 mL或多于4 mL。样品维生素C含量太高或太低时，可酌情增减样品待测液用量或改变提取液稀释度。

八、问题讨论

① 为什么在测定维生素C的同时要进行2,6-二氯酚靛酚钠溶液的标定?

② 为什么不能用铁、铜的器皿装维生素C提取液?

③ 深颜色的蔬菜和水果的维生素C含量的测定需要注意哪些事项?

实验三十七　荧光法测定维生素B_1含量

一、实验目的

维生素B_1又名硫胺素，广泛分布于植物种子皮、酵母和豆类中。通过本实验，理解维生素B_1的性质，掌握荧光法测定维生素B_1含量的原理和方法。

二、实验原理

维生素B_1在碱性铁氰化钾溶液中被氧化成噻嘧色素，用异丁醇提取后，在紫外光（λ_{ex}=365 nm）下，噻嘧色素呈现蓝色荧光（λ_{em}=435 nm）。在给定的条件下，此荧光强度与噻嘧色素量成正比，即与溶液中维生素B_1的量成正比。通过与标准品比较荧光强度，即可测得供试品中维生素B_1含量。

三、实验材料

植物组织如根、茎、叶等，鲜样、干样均可。

四、主要仪器设备、耗材与试剂

1. 主要仪器设备与耗材　荧光分光光度计、天平、电热恒温培养箱、移液管、试管等。

2. 主要试剂

（1）维生素B_1标准贮备液　称取100 mg经氯化钙干燥24 h的维生素B_1，溶于0.01 mol/L的盐酸中，并用水稀释至1 000 mL，避光低温保存（可保存1个月）。

（2）维生素B_1标准工作液　将维生素B_1标准贮备液稀释1 000倍，避光低温保存。

（3）0.3 mol/L盐酸　25.5 mL浓盐酸用水稀释至1 000 mL。

（4）2 mol/L乙酸钠　164 g无水乙酸钠溶于水后并定容至1 000 mL。

（5）25%氯化钾　250 g氯化钾溶于水后并定容至1 000 mL。

（6）25%酸性氯化钾溶液　8.5 mL浓盐酸用25%氯化钾溶液稀释至1 000 mL。

（7）15%氢氧化钠　15 g氢氧化钠溶于水后定容至100 mL。

（8）1%铁氰化钾　1 g铁氰化钾溶于水中，稀释至100 mL，贮存于棕色瓶中。

(9) 碱性铁氰化钾　取 4 mL 1%铁氰化钾溶液，用 15%氢氧化钠溶液稀释至 60 mL。用时现配（4 h 内使用），避光使用。

(10) 3%乙酸　30 mL 冰乙酸用水稀释至 1 000 mL。

(11) 活性人造浮石　称取 200 g 过 40～60 目筛的人造浮石，以 10 倍于其体积的 3%热乙酸溶液搅拌洗涤 2 次，每次 10 min，再用 5 倍于其体积的 25%热氯化钾溶液搅拌洗涤 15 min，然后再用 3%热乙酸溶液搅拌洗涤 10 min，最后用热蒸馏水洗至没有氯离子。将其保存于蒸馏水中。

(12) 其他试剂　淀粉酶、蛋白酶、无水硫酸钠等。

五、实验步骤

1. 样品提取　样品采集后用匀浆机打成匀浆，冷冻保存。提取时，取出解冻，混匀后，精确称取 2～10 g 样品，置于 100 mL 三角瓶中，加入 50 mL 0.3 mol/L 盐酸使其溶解，放入高压锅中加热水解 30 min。用 2 mol/L 乙酸钠将 pH 调至 4.5。按每克样品加入 20 mg 淀粉酶和 40 mg 蛋白酶的比例加入淀粉酶和蛋白酶，于 45～50 ℃保温约 16 h，用蒸馏水定容至100 mL，过滤，滤液即为提取液。

2. 净化提取液　将脱脂棉铺于交换柱底部，再加 1 g 活性人造浮石使之达到交换柱 1/3 的高度。将提取液 20～60 mL 加入交换柱中（使通过活性人造浮石的维生素 B_1 总量为 2～5 μg），再用 10 mL 蒸馏水冲洗交换柱，弃去洗液，如此重复 3 次。加入 25%酸性氯化钾（温度为90 ℃）20 mL，收集此溶液，凉至室温后，用 25%酸性氯化钾定容至 25 mL，即为样品净化液。

维生素 B_1 标准液的净化方法与提取液的净化方法相同。

3. 氧化　将 5 mL 样品净化液分别加入 A、B 两个反应瓶中。在避光条件下，将 3 mL 15%氢氧化钠加入反应瓶 A 中，将 3 mL 碱性铁氰化钾加入反应瓶 B 中，振荡摇匀 15 s，2 个反应瓶中均加入 10 mL 正丁醇，用力振摇 1.5 min。静置分层后，吸去下层碱性溶液，加入 2～3 g 无水硫酸钠使溶液脱水。维生素 B_1 标准液的反应方法与样品净化液的反应方法相同。

4. 测定　激发光波长为 365 nm，发射光波长为 435 nm，激发光和发射光狭缝 5 nm。依次测定下列各值：样品空白荧光强度（样品反应瓶 A）、标准空白荧光强度（标准反应瓶 A）、样品荧光强度（样品反应瓶 B）、标准荧光强度（标准反应瓶 B）。

六、结果与分析

根据测定的荧光强度值，按下列公式计算样品中维生素 B_1 含量：

$$100\text{ g 样品中维生素 } B_1 \text{ 含量（mg）} = \frac{(M-M_b)\times c\times V\times V_1}{(S-S_b)\times V_2\times m}\times\frac{100}{1\,000}$$

式中：M——样品荧光强度；

M_b——样品空白荧光强度；

S——标准荧光强度；

S_b——标准空白荧光强度；

c——维生素 B_1 标准液浓度，μg/mL；

V——用于净化的维生素 B_1 标准液体积，mL；

V_1——样品水解后的定容体积，mL；

V_2——用于净化的样品提取液体积，mL；

m——样品质量，g。

七、注意事项

① 加热酸性氯化钾是因为热的氯化钾滤速较快。被洗下的维生素 B_1 稳定，可保存一周。

② 在反应过程中，对每个样品所加试剂的次序、快慢、振摇时间等均需保持一致，尤其是正丁醇提取噻嘧色素时必须保证准确振摇 1.5 min。

八、问题讨论

① 维生素 B_1的活性形式是什么？有什么生理功能？其主要缺乏症是什么？

② 除了荧光法之外，还有什么方法可以测定维生素 B_1 含量？

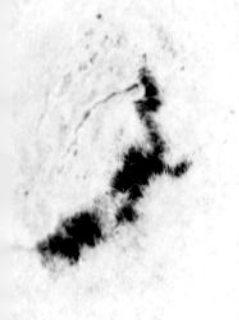

第四部分　糖　　类

实验三十八　还原糖和总糖含量的测定（3,5-二硝基水杨酸比色法）

一、实验目的

掌握还原糖和总糖含量的测定原理，学习用比色法测定还原糖含量的方法。

二、实验原理

还原糖是指含有自由醛基或酮基的糖类，单糖都是还原糖，双糖和多糖不一定是还原糖，其中乳糖和麦芽糖是还原糖，蔗糖和淀粉是非还原糖。利用糖的溶解度不同，可将植物样品中的单糖、双糖和多糖分别提取出来，对没有还原性的双糖和多糖，可用酸水解法使其降解成有还原性的单糖进行测定。测定还原糖的含量是糖定量的基本方法，其基本原理是先用比色法对还原性的单糖进行测定，再分别求出样品中还原糖和总糖的含量。

在碱性条件下，还原糖与3，5-二硝基水杨酸（DNS）共热，3，5-二硝基水杨酸被还原为3-氨基-5-硝基水杨酸（棕红色物质），还原糖则被氧化成糖酸及其他产物。在一定范围内，还原糖的量与棕红色物质颜色深浅的程度呈一定的比例关系，在540 nm波长下测定棕红色物质的吸光度值，查对标准曲线并计算，就可以分别求出样品中还原糖和总糖的含量。由于双糖、多糖水解为单糖时，每断裂一个糖苷键需加入一分子水，所以在计算多糖含量时需要扣除已加入的水的量，测定所得的总糖的量乘以0.9即为实际总糖的量。

三、实验材料

面粉。

四、主要仪器设备、耗材与试剂

1. 主要仪器设备与耗材　电子分析天平、水浴锅、可见分光光度计、移液器、试管、容量瓶、烧杯、量筒、吸管（移液管）、洗耳球、玻璃棒、洗瓶、漏斗等。

2. 主要试剂

（1）标准葡萄糖溶液（1.0 mg/mL）　准确称取0.100 g分析纯葡糖（预先在烘箱80 ℃烘至恒量），置于小烧杯中，用少量蒸馏水溶解后，定量转移至100 mL容量瓶中，用蒸馏水定容至100 mL，摇匀，冰箱中保存备用。

（2）3，5-二硝基水杨酸溶液　准确称取6.3 g 3，5-二硝基水杨酸，溶于262 mL的1 mol/L氢氧化钠中，加到500 mL含有182 g酒石酸钾钠的热水中，然后加入5.0 g结晶酚和5.0 g亚硫酸钠，溶解并冷却后定容至1 000 mL，贮存在棕色瓶中保存备用。

（3）碘-碘化钾　称取0.3 g碘化钾，溶于少量水中，加0.1 g碘，用水定容至100 mL。

（4）酚酞指示剂　称取0.1 g酚酞，溶于250 mL 70%乙醇中。

（5）其他试剂　6 mol/L盐酸（12 mol/L的浓盐酸用蒸馏水稀释1倍）、1 mol/L氢氧化钠。

五、实验步骤

1. 制作葡萄糖标准曲线　取7支25 mL具塞刻度试管，编号，按照表26所示的量和方法精确加入试剂。

表26　制作葡萄糖标准曲线的溶液配制

试剂及操作	管号						
	1	2	3	4	5	6	7
1.0 mg/mL葡萄糖标准液/mL	0	0.2	0.4	0.6	0.8	1.0	1.2
蒸馏水/mL	2.0	1.8	1.6	1.4	1.2	1.0	0.8
3，5-二硝基水杨酸溶液/mL	1.5	1.5	1.5	1.5	1.5	1.5	1.5
处理	沸水浴煮沸5 min，冷却						
蒸馏水/mL	21.5	21.5	21.5	21.5	21.5	21.5	21.5

以1号管作为空白调零点，在520 nm波长下比色测定吸光度。以葡萄糖含量(mg)为横坐标，A_{540}为纵坐标，绘制标准曲线。

2. 样品中还原糖和总糖的水解和提取

（1）样品中还原糖的水解和提取　准确称取0.1 g食用面粉，放入大试管中，加入5 mL蒸馏水调成匀浆，置50 ℃水浴锅中加热水解20 min。待水解液冷却后，用蒸馏水定容至100 mL，混匀。将定容后的水解液用滤纸过滤，即为还原糖待测液。

（2）样品中总糖的水解和提取　准确称取0.1 g食用面粉，放入大试管中，加1～2 mL 6 mol/L HCl及5 mL蒸馏水，置沸水浴中加热水解30 min。待水解液冷却后，加入1滴酚酞指示剂（酚酞的pH变色范围是8.2～10.0），用1 mol/L NaOH中和滴定至微红色，用蒸馏水定容至100 mL，混匀。将定容后的水解液滤纸过滤，即为总糖待测液。

3. 还原糖和总糖的含量测定　取5支25 mL具塞刻度试管，其中1号管为参比管，2、3号管为还原糖测定管，4、5号管为总糖测定管，按照表27精确加入待测液和试剂。

表27　还原糖和总糖的含量测定

试剂	管号				
	1	2	3	4	5
还原糖待测液/mL	0	2.0	2.0	0	0
总糖待测液/mL	0	0	0	1.0	1.0
蒸馏水/mL	2.0	0	0	1.0	1.0
3，5-二硝基水杨酸溶液/mL	1.5	1.5	1.5	1.5	1.5

试管摇匀后置于沸水浴中加热5 min，冷却后用蒸馏水定容至25 mL，混匀（用一次性手套堵住试管口上下颠倒）后，在540 nm波长下测定吸光度值。

六、结果与分析

根据 2 和 3 号管、4 和 5 号管的平均吸光度值在标准曲线上查出相应的还原糖质量(mg)，按照下面公式计算出样品还原糖和总糖的百分含量。

$$还原糖百分含量=\frac{查曲线所得还原糖质量\times\frac{提取液总体积}{测定时所取体积}}{样品质量}\times100\%$$

$$总糖百分含量=\frac{查曲线所得还原糖质量\times\frac{提取液总体积}{测定时所取体积}}{样品质量}\times0.9\times100\%$$

七、注意事项

标准曲线制作与样品含糖量测定应同时进行，一起显色和比色。

八、问题讨论

① 本实验中盐酸、氢氧化钠和碘-碘化钾溶液的作用分别是什么？
② 本实验中哪些步骤会出现误差？如何避免出现误差？

实验三十九　可溶性糖的硅胶 G 薄层层析

一、实验目的

① 学习薄层板的制备方法和薄层层析操作。
② 学习迁移率 R_f 的测定方法。

二、实验原理

层析法又称为色谱法，是分离、提纯和鉴定混合物各组分的一种重要方法，有极广泛的用途。它是一种物理化学分离方法，是利用混合物各组分的物理化学性质的差异在两相间的分配比不同而进行分离的方法。其中一相是固定相，另一相是流动相。常用的层析分离法有薄层层析（thin layer chromatography，TLC）法、柱层析法、纸层析法和气相色谱法等。

薄层层析法兼有柱层析法和纸层析法的优点，是近年来发展起来的一种微量、快速而简单的分离方法。它是将吸附剂（固定相）均匀地铺在一块玻璃板表面上形成薄层（其厚度一般为 0.1～2.0 mm），在此薄层上进行色谱分离。由于混合物中的各个组分对吸附剂的吸附能力不同，当选择适当的溶剂（此溶剂称为展层剂，即流动相）流经吸附剂时，发生无数次吸附和解吸过程，吸附力弱的组分随流动相向前移动，吸附力强的组分滞留在后，由于各组分具有不同的移动速率，被流动相带到薄层板的不同高度，最终得以在固定相薄层上分离。

薄层层析除了用于分离外，还可通过与已知结构化合物相比较来鉴定少量有机物的组成。此外，薄层层析也经常用于寻找柱层析的最佳分离条件。试样中各组分的分离效果可用它们迁移率 R_f 的差来衡量。R_f 值是某组分的色谱斑点中心到原点距离与溶剂前沿至原点距离的比值，一般为 0～1。当严格控制实验条件时，每种化合物在选定的固定相和流动相体

系中有特定的 R_f 值。混合样品中，两组分的 R_f 相差越大，它们的分离效果越好。应用薄层层析进行分离鉴定的方法是将被分离鉴定的试样用毛细管点在薄层板的一端，样点干后放入盛有少量展层剂的器皿中。利用吸附剂的毛细作用，展层剂携带着组分沿着薄层缓慢上升，由于各组分在展层剂中的溶解能力和被吸附剂吸附的程度不同，其在薄层板上升的高度也不同，R_f 也不同。混合样中各组分可通过比较薄层板上各斑点的位置或通过 R_f 值的测定来进行鉴别。如果各组分本身带有颜色，待薄层板干燥后会出现一系列的斑点；如果化合物本身不带颜色，那么可以用显色方法（如碘熏显色、喷显色剂或用荧光板在紫外灯下显色等）使之显色。

在一定的条件下，某种物质的 R_f 值是常数。R_f 值的大小与物质的结构、溶液系统的性质、层析滤纸的质量和层析温度等因素有关。

三、实验材料

苹果或其他植物材料。

四、主要仪器设备、耗材与试剂

1. 主要仪器设备与耗材 离心机、大离心管、涂布器、天平、烘箱、研钵、微量点样器或毛细管、层析缸、吹风机、喷雾器、水浴锅、蒸发皿、50 mL 量筒、刻度吸管、玻璃板（15 cm×7 cm）等。

2. 主要试剂

（1）10 mg/mL 标准糖溶液　称取木糖、果糖、葡萄糖、蔗糖各 1 g，分别用蒸馏水溶解并定容至 100 mL。

（2）苯胺-二苯胺-磷酸显色剂　称取 2.0 g 二苯胺于烧杯中，加入 2 mL 苯胺溶液溶解后，再加 10 mL 85%磷酸，边加边搅拌，最后用 100 mL 丙酮溶解混匀。

（3）其他试剂　95%乙醇、80%乙醇、硅胶 G、0.1 mol/L 硼酸、氯仿、冰乙酸等。

五、实验步骤

1. 硅胶 G 薄层板的制备 制板用的玻璃板应平整光滑，预先用洗液或其他洗涤剂洗净，干燥后备用。称取硅胶 G 粉 3.5 g，加 0.1 mol/L 硼酸溶液 9 mL，于研钵中充分研磨，待硅胶由稀变稠、发出如脂肪般的光泽时，倾入涂布器中，均匀涂布在玻璃板上，可铺 15 cm×7 cm 薄层板 1 块。铺布后的薄板置于 100 ℃烘箱中烘干，取出后放在干燥器中备用。也可在温室下自然干燥 24 h，用前放入 110 ℃烘箱中活化 30 min。

2. 样品提取液的制备 称取苹果果肉（或其他植物材料）5 g，放于研钵中研成匀浆，加10 mL 95%乙醇，继续研磨 5 min，倒入离心管，3 000 r/min 离心 10 min，吸取上清液作为点样液。

3. 点样 取活化过的硅胶 G 薄层板，在距底边 2 cm 水平线上确定 5 个点，相互间隔约 1 cm，其中 4 个点分别点上木糖、葡萄糖、果糖和蔗糖标准液，另一个点点样品液，点样量均为 2 μL，然后用吹风机吹点样原点，使其刚消失为止。如果继续吹，可能在层析后出现拖尾现象。

4. 展层 本实验选用氯仿∶冰乙酸∶水＝18∶21∶3（体积比）的溶液或者选用乙酸乙

酯：异丙醇：水：吡啶＝26：14：7：5（体积比）的溶液为展层剂，用前临时配制（只能用一次）。展层在密闭器皿中进行。为了消除边缘效应，可在层析缸内壁贴上浸透展层剂的滤纸条，以加速缸内蒸汽的饱和。将薄层板点有样品的一端浸入展层剂，注意切勿使样品原点浸入，盖好层析缸盖，上行展层。当展层剂前沿离薄层板顶端 1～2 cm 时，即可停止展层，取出，用吹风机吹干。

5. 显色　显色是鉴定物质的重要步骤。本实验采用苯胺-二苯胺-磷酸显色剂喷雾法。喷出细雾使薄板均匀湿润，然后于 100 ℃烘箱中烘烤 12 min，各糖即出现不同的颜色。

六、结果与分析

小心量出原点至溶剂前沿和各色斑中心点的距离，计算出它们的 R_f 值。根据标准糖的颜色和 R_f 值，鉴定出样品提取液中糖的种类，并绘出层析图谱。

七、注意事项

1. 铺板　铺板用的匀浆不宜过稠或过稀。过稠，板容易出现拖动或停顿造成的层纹；过稀，水蒸发后，板表面较粗糙。研磨匀浆的时间，与空气湿度有关，一般通过拿起研棒时匀浆下滴的情况来判断，越稠越难滴下。匀浆的稀稠除影响板的平滑外，也影响板涂层的厚度，进一步影响上样量。涂层薄，点样易过量；涂层厚，显色不那么明显。通常，板的质量对薄层鉴别的影响不是很大，影响最大的是展层剂的配制和展层系统的饱和。

2. 点样　尽量用小的点样管。如果有足够的耐性，最好只用 1 μL 的点样管。这样，点的斑点较小，展开的色谱图分离度好，颜色分明。样品溶液的含水量越小越好，样品溶液含水量越大，点样斑点扩散越大。样品溶液的溶剂一般是无水乙醇、甲醇、氯仿、乙酸乙酯。点好样的薄层板用吹风机的热风吹干，或放入干燥器里晾干。

3. 展层剂配制　选择合适的量器把各组成溶剂移入分液漏斗中，强烈振摇使混合液充分混匀，放置，如果分层，取用体积大的一层作为展层剂。绝对不能把各组成溶液倒入层析缸，振摇层析缸来配制展层剂。混合不均匀和没有分层展层剂，会造成层析完全失败。各组成溶剂的比例准确度对不同的分析任务有不同的要求，尽量达到实验室仪器的最高精确度，比如取 1 mL 的溶剂，应使用 1 mL 的单标移液管，移液管应符合计量认证要求。

4. 展层系统的饱和　一般使用的是双槽的层析缸，一个槽用来放展层剂，另一个槽可加入氨水或硫酸。把待展层的板放入两槽间的平台，斜架着，盖上层析缸的盖子，让展层剂的蒸汽充满层析缸，并使薄层板吸附蒸汽达到饱和，防止边沿效应，饱和时间在 0.5 h 左右。展层时难免要打开盖子把薄层板放入展层剂中，不过对薄层板与蒸汽的吸附平衡影响不大，动作应该尽量轻、快。

5. 温度、湿度的控制　温度、湿度对薄层影响都很大。不冻结的前提下，通常温度越低，分离越好，较难的分离物（如人参皂苷）需在低温下进行。湿度主要影响薄层板的吸附能力，导致选择性（容量因子）的变化，湿度应根据实际情况确定。

6. 显色　喷显色剂显色最重要是有好的雾化器。

八、问题讨论

① 硅胶 G 薄层层析实验中引起样品拖尾的因素有哪些？

② 当固定相选定后为使被分离物质达到理想的分离效果，选择展层剂的原则是什么？

③ 可溶性糖的硅胶 G 薄层层析在展层过程中操作太慢会出现什么现象？

实验四十　蒽酮比色法测定植物组织可溶性糖含量

一、实验目的

掌握蒽酮法测定糖含量的基本技术，学会使用分光光度计。

二、实验原理

植物体内的可溶性糖为光合作用的产物。可溶性糖以蔗糖为主，是植物糖类运输的主要形式。可溶性糖是呼吸作用的物质基础、能量的原料，也是形成脂肪、有机酸、蛋白质的最初原料，故糖与植物体内各种代谢均有密切关系。复杂的糖类如淀粉、纤维素等，也由单糖形成。植物的新器官、新组织都是利用糖发育而成的。研究植物糖类代谢，评价其营养状况，分析农产品品质等均有必要测定可溶性糖的含量。

糖在浓硫酸作用下，可经脱水反应生成糠醛或羟甲基糠醛，生成的糠醛或羟甲基糠醛可与蒽酮反应生成蓝绿色糠醛衍生物，在一定范围内（10～100 μg），其颜色的深浅与糖的含量成正比，故可用于糖的定量分析。

① 糖在浓硫酸作用下，脱水生成糠醛类物质，反应式如下：

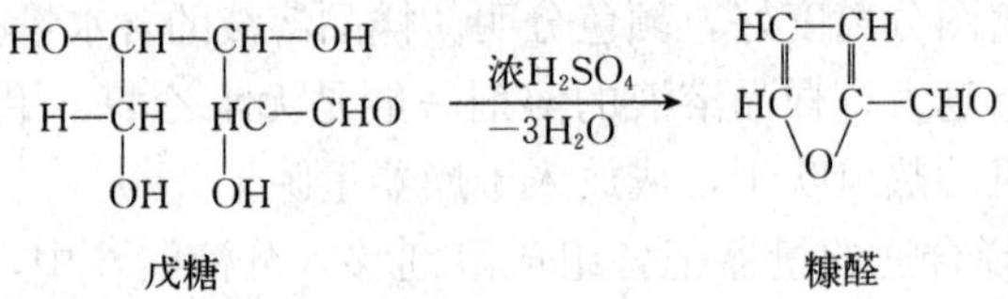

$$\text{戊糖} \xrightarrow[-3H_2O]{\text{浓}H_2SO_4} \text{糠醛}$$

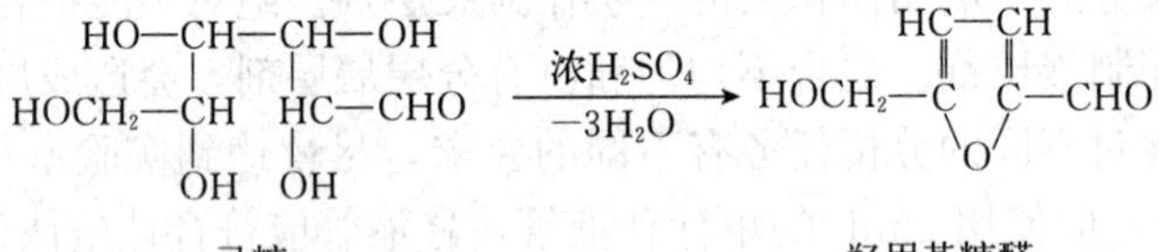

$$\text{己糖} \xrightarrow[-3H_2O]{\text{浓}H_2SO_4} \text{羟甲基糠醛}$$

② 羟甲基糠醛与蒽酮作用生成蓝绿色糠醛衍生物，反应式如下：

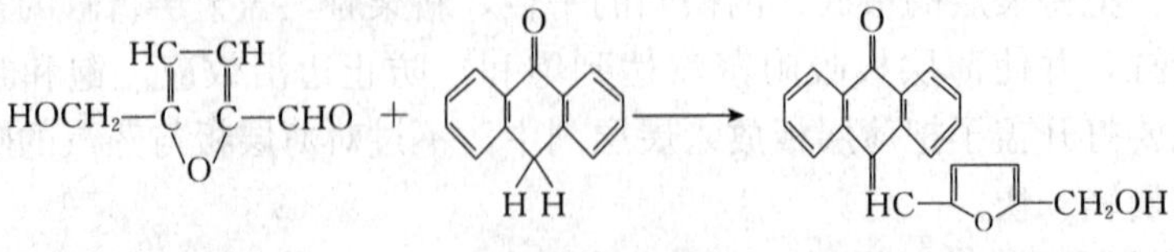

$$\text{羟甲基糠醛} + \text{蒽酮} \longrightarrow \text{糠醛衍生物(蓝绿色)}$$

蒽酮比色法的特点是几乎可以测定所有的糖类，因为淀粉、纤维素是由葡萄糖残基组成的多糖，在酸性条件下加热提取可使其水解成葡萄糖。而且蒽酮试剂中的浓硫酸也可以把提取液中的多糖水解成单糖而发生反应，所以用蒽酮法测出的糖类含量，实际上是溶液中全部可溶性糖类总量。在没有必要细致划分各种糖类的情况下，用蒽酮法可以一次测出总量，省去许多麻烦，因此，此法有特殊的应用价值。但在测定可溶性糖类时，应注意切勿将样品的未溶解残渣加入反应液中，不然会因为细胞壁中的纤维素、半纤维素等与蒽酮试剂发生反应而产生测定误差。糖类与蒽酮反应生成的有色物质在可见光区的吸收峰为波长 620 nm 处，故在此波长下进行比色。

三、实验材料

新鲜植物材料或禾谷类植物样品（米粉、面粉等）。

四、主要仪器设备、耗材与试剂

1. 主要仪器设备与耗材　分光光度计、电炉、铝锅、离心机、电子天平、20 mL 刻度试管、离心管、刻度移液管（5 mL、2 mL）、100 mL 容量瓶等。

2. 主要试剂

（1）0.2%蒽酮-硫酸试剂　200 mg 蒽酮溶解于 100 mL 的浓硫酸中，该试剂不可久贮，最好用前临时配制。

（2）1%蔗糖标准液　将分析纯蔗糖在 80 ℃下烘干至恒量，精确称取 1 000 mg。加少量水溶解，移入 100 mL 容量瓶中，加入 0.5 mL 浓硫酸，用蒸馏水定容至刻度，摇匀，即为含蔗糖 1%的溶液（由于硫酸的作用，实际上成为含 50%葡萄糖的果糖转化溶液）。

（3）100 μg/mL 蔗糖标准液　精确吸取 1%蔗糖标准液 1 mL 移入 100 mL 容量瓶中，加水定容至刻度。

（4）淀粉标准液　准确称取 100 mg 纯淀粉，放入 100 mL 容量瓶中，加 50～60 mL 热蒸馏水，放入沸水浴中煮沸 0.5 h，冷却后加蒸馏水稀释至刻度，则每毫升含淀粉 1 mg。吸取此液 5 mL，加蒸馏水稀释至 50 mL，即为含淀粉 100 μg/mL 的标准液。

五、实验步骤

1. 标准曲线的制作　取 20 mL 刻度试管 6 支，从 0～5 分别编号，按表 28 加入蔗糖标准液和水，然后再按顺序分别向试管内加入蒽酮-硫酸试剂 5 mL，快速摇动试管 2～3 s（注意勿将硫酸溅出），使液体充分混匀，置试管架上室温显色 10～15 min，冷却后倒入比色杯（0.5 cm 光径），以 0 号管为参照，在分光光度计上比色（λ=620 nm），读取吸光度值，以蔗糖含量为横坐标，吸光度为纵坐标，绘制标准曲线。

表 28　各试管加入蔗糖标准液和蒸馏水量

试　剂	管　号					
	0	1	2	3	4	5
100 μg/mL 蔗糖标准液/mL	0	0.2	0.4	0.6	0.8	1.0
蒸馏水/mL	2.0	1.8	1.6	1.4	1.2	1.0
蒽酮-硫酸试剂/mL	5.0	5.0	5.0	5.0	5.0	5.0
蔗糖含量/μg	0	20	40	60	80	100

2. 可溶性糖的提取　称取谷物样品 0.2 g 或新鲜植物材料 1 g，研磨捣碎后放入 100 mL 容量瓶中，加蒸馏水定容至刻度，置于室温下提取 20 min，不时摇动，勿使样品黏底。过滤于 100 mL 的烧杯中，滤液即为待测液。残渣保留作淀粉测定用。如果待测液中糖含量高，可从中取出 5 mL（根据不同材料而定取出量）放入 100 mL 容量瓶中，加蒸馏水定容至刻度，稀释 20 倍，摇匀为即为待测液。

3. 测定 取 20 mL 刻度试管 2 支，1 支加 2 mL 待测液，1 支加 2 mL 蒸馏水（作空白），分别沿管壁加入 5 mL 蒽酮-硫酸试剂，再快速摇动试管 2～3 s（注意勿将硫酸溅出），使液体充分混匀，置试管架上室温显色 10～15 min，冷却后倒入 0.5 cm 光径的比色杯中，以空白作参照，在分光光度计上 620 nm 波长下比色，读取吸光度值，查标准曲线，求得相应的糖含量（μg）。

六、结果与分析

$$\text{可溶性糖含量} = \frac{\frac{C}{1\,000} \times \frac{V_1}{V_2} \times N}{m \times 1\,000} \times 100\%$$

式中：C——从标准曲线中查出反应待测液中的糖含量，μg；

V_1——定容体积，ml；

V_2——反应液体积，ml；

m——样品质量，g；

N——稀释倍数。

七、注意事项

① 称量要准确。

② 充分研磨和准确定容。

③ 提取时间需要严格控制。

④ 加入蒽酮-硫酸试剂时应该小心谨慎，操作速度切莫过快导致溅出。

⑤ 比色时需要严格按照分光光度计的操作说明进行。

八、问题讨论

① 植物组织中的可溶性糖包括哪些？溶于冷水的有哪些？

② 总结分光光度法测定可溶性糖含量的一般操作程序。

③ 简述可溶性糖含量测定的原理。

实验四十一　谷物淀粉含量的测定（旋光法）

一、实验目的

掌握旋光法测定谷物淀粉含量的原理和方法。

二、实验原理

淀粉是植物的主要贮藏物质，大部分贮存于种子、块根和块茎中。淀粉不仅是重要的营养物质，而且在工业上的应用也很广泛。测定谷物中淀粉的含量对于鉴定农产品的品质和改进农业生产技术有很大的意义。

酸性氯化钙溶液与磨细的含淀粉样品共煮，可使淀粉轻度水解。同时钙离子与淀粉分子上的羟基络合，使得淀粉分子充分地分散到溶液中，成为淀粉溶液。淀粉分子具有不对称碳原子，因而具有旋光性，可以利用旋光仪测定淀粉溶胶的旋光度（α）。旋光度的大小与淀粉的浓度成正比，据此可以求出淀粉含量。提取淀粉溶胶所用的酸性氯化钙溶液的 pH 必须保持在 2.30，相对密度必须为 1.30，加样时间的长短也要控制在一定范围。因为只有在这些条件下，各种不同来源的淀粉溶液的比旋度［α］才都是 203°，恒定不变。样品中其他旋光性物质（如糖分）必须预先除去。

三、实验材料

面粉或其他风干样品。

四、主要仪器设备、耗材与试剂

1. 主要仪器设备与耗材　植物样品粉碎机、离心机、分析天平、旋光仪、三角瓶、分样筛、布氏漏斗、抽滤瓶及真空泵、离心管、小电炉等。

2. 主要试剂　乙醚、氯化高汞、乙酸-氯化钙溶液、30%$ZnSO_4$ 溶液、15%亚铁氰化钾溶液、乙醇等。

五、实验步骤

1. 样品准备

（1）称取样品　将样品风干、研磨、过筛，精确称取约 2.5 g 样品细粉（要求含淀粉约 2 g），置于离心管内。

（2）脱脂　加乙醚数毫升到离心管内，用细玻璃棒充分搅拌，然后离心。倾去上清液并收集以备回收乙醚。重复脱脂数次，以去除大部分油脂、色素等（因油脂的存在会使以后淀粉溶液的过滤变得困难）。大多数谷物样品含脂肪较少，可免去这个脱脂步骤。

（3）抑制酶活性　加含有氯化高汞的乙醇溶液 10 mL 到离心管内，充分搅拌，然后离心，倾去上清液，得到残余物。

（4）脱糖　加 80%乙醇 10 mL 到离心管中，充分搅拌以洗涤残余物（每次都用同一玻璃棒），离心，倾去上清液。重复洗涤数次以去除可溶性糖分。

2. 溶液提取淀粉

（1）加乙酸-氯化钙溶液　先将乙酸-氯化钙溶液约 10 mL 加到离心管中，搅拌后全部倾入 250 mL 三角瓶内，再用乙酸-氯化钙溶液 50 mL 分数次洗涤离心管，洗涤液并入三角瓶内，搅拌玻璃棒也转移到三角瓶内。

（2）煮沸溶解　先用蜡笔标记液面高度，直接置于加有石棉网的小电炉上，在 4～5 min 内迅速煮沸，保持沸腾 15～17 min，立即将三角瓶取下，置流水中冷却。煮沸过程中要不停搅拌，切勿烧焦；要调节温度，勿使泡沫溅出瓶外，并加水维持在液面标记高度（注意：整个操作过程中要使附着在瓶侧的淀粉细粒始终保持在液体中）。

3. 沉淀杂质和定容

（1）加沉淀剂　将三角瓶内的水解液转入 100 mL 容量瓶中，用乙酸-氯化钙溶液充分洗涤三角瓶，并入容量瓶内，加 30% $ZnSO_4$ 溶液 1 mL 混合后，再加 15%亚铁氰化钾 61 mL，用水稀释至接近刻度时，加 95%乙醇一滴以破坏泡沫，然后稀释到刻度，充分混合，静置，以使蛋白充分沉淀。

(2) 过滤　用布氏漏斗（加一层滤纸）过滤。先倾倒溶液约 10 mL 于此滤纸上，使其完全湿润，让溶液流干，弃去滤液，再倾倒溶液进行过滤，用干燥的容器接收此滤液，收集约 50 mL。

4. 测定旋光度　用旋光测定管装满滤液，小心地按照旋光仪使用说明，进行旋光度的测定。

六、结果与分析

$$淀粉含量=\frac{\alpha\times N\times 100}{[\alpha]_D^{20}\times L\times m\times(1-K)}\times 100\%$$

式中：α——测到的旋光度；

$[\alpha]_D^{20}$——淀粉的比旋度，在这种方法条件下为 203°；

L——旋光管长度，cm；

m——样品质量，g；

K——样品水分含量；

N——稀释倍数。

七、注意事项

① 本法适用于淀粉含量较多，不含或少含其他能水解为还原糖的样品。由于酸水解时也会把半纤维素、多缩戊糖等水解为还原糖，从而使结果偏高。

② 加压水解时，其压力和蒸煮时间应按要求加以控制。过高压力、过长时间反而会使已分解的糖进一步聚合，使结果偏低。

③ 本法测糖时其终点较难判别，应特别注意。

八、问题讨论

① 干扰淀粉含量测定的主要因素有哪些？应如何避免？

② 为什么要加入 $ZnSO_4$ 和亚铁氰化钾？

实验四十二　植物组织淀粉和纤维素含量的测定

一、实验目的

掌握蒽酮法测定淀粉与纤维素的基本技术。

二、实验原理

1. 淀粉　在沸水条件下，高氯酸水解淀粉先形成糊精，然后水解成麦芽糖，最后形成葡萄糖。葡萄糖在浓硫酸作用下，可经脱水反应生成糠醛或羟甲基糠醛，生成的糠醛或羟甲基糠醛可与蒽酮反应生成蓝绿色糠醛衍生物，在一定范围内（10～100 μg），糠醛衍生物颜色的深浅与葡萄糖的含量成正比，故可用于淀粉的定量分析。

2. 纤维素　纤维素为β-葡萄糖残基组成的多糖，在酸性条件下加热能分解成β-葡萄糖。β-葡萄糖在强酸作用下，可脱水生成β-糠醛类化合物。β-糠醛类化合物与蒽酮脱水缩合，生成黄色的糠醛衍生物。糠醛衍生物颜色的深浅与纤维素含量成正比，可间接测定纤维素含量。

三、实验材料

烘干的米、面粉，或风干的棉、麻纤维。

四、主要仪器设备、耗材与试剂

1. 主要仪器设备与耗材　分析天平、水浴锅、电炉、小试管、量筒、烧杯、移液管、容量瓶、布氏漏斗、分光光度计等。

2. 主要试剂

（1）0.2%蒽酮-硫酸试剂　将200 mg蒽酮溶解于100 mL浓硫酸中，贮放于棕色试剂瓶中（最好用前临时配制）。

（2）纤维素标准液　准确称取100 mg纯纤维素，放入100 mL容量瓶中，将容量瓶放入冰浴中，然后加冷的60～70 mL 60% H_2SO_4，在冷的条件下消化处理20～30 min，用60%H_2SO_4稀释至刻度，摇匀。吸取此溶液5.0 mL放入另一50 mL容量瓶中，将容量瓶放入水浴中，加蒸馏水稀释至刻度，则每毫升含100 μg纤维素。

（3）其他试剂　100 μg/mL淀粉标准液、高氯酸、60%H_2SO_4溶液、浓H_2SO_4（AR）等。

五、实验步骤

（一）淀粉的测定

1. 标准曲线制作　取20 mL刻度试管6支，从0～5编号，按表29加入淀粉标准液、蒸馏水和蒽酮-硫酸试剂。剧烈振荡2～3 s，混匀，室温下显色10～15 min，冷却后在620 nm下测吸光度。以淀粉含量为横坐标，以吸光度为纵坐标，绘制标准曲线。

表29　各试管加入淀粉标准液和蒸馏水量

项　目	管号					
	0	1	2	3	4	5
淀粉标准液/mL	0	0.4	0.8	1.2	1.6	2.0
蒸馏水/mL	2.0	1.6	1.2	0.8	0.4	0
蒽酮-硫酸试剂/mL	5	5	5	5	5	5
淀粉含量/mg	0	40	80	120	160	200

2. 样品提取　将提取可溶性糖以后的残渣（实验四十一）移入大试管中，加20 mL热蒸馏水，放入沸水浴中煮沸15 min，冷却后再加入9.2 mol/L高氯酸2 mL，搅拌提取15 min，冷却后，用滤纸过滤入50 mL容量瓶中（或以2 500 r/min离心10 min）；滤纸上残渣（或离心管沉淀）再加入2 mL 4.6 mol/L高氯酸（1 mL 9.2 mol/L高氯酸+1 mL水），搅拌提取15 min，加水3 mL，滤纸过滤（或以2 500 r/min离心10 min），上清液合并入50 mL容量瓶，用水定容至刻度，即为待测液。

3. 测定　取20 mL刻度试管2支，1支加2 mL待测液，另一支加2 mL蒸馏水（作空白对照），分别沿管壁加入 5 mL 蒽酮-硫酸试剂，再剧烈摇晃试管 2～3 s（注意勿将硫酸溅出），使液体充分混匀，置试管架上室温显色 10～15 min，冷却后倒入 0.5 cm 光径的比色杯中，在分光光度计上 620 nm 波长条件下比色，读取吸光度值，查标准曲线，求得相应的糖含量（μg）。

（二）纤维素的测定

1. 求测纤维素含量的回归方程

（1）配制不同含量的纤维素溶液　取 6 支小试管，分别放入 0 mL、0.40 mL、0.80 mL、1.20 mL、1.60 mL、2.00 mL 100 μg/mL 纤维素标准液，然后分别加入 2.00 mL、1.60 mL、1.20 mL、0.80 mL、0.40 mL、0 mL 蒸馏水，摇匀，则每管依次含纤维素 0 μg、40 μg、80 μg、120 μg、160 μg、200 μg。

（2）测定不同含量的纤维素溶液的吸光度　每管各沿管壁加入 5 mL0.2% 蒽酮-硫酸试剂，塞上塞子。摇匀，静置冷却 20 min。然后在波长 620 nm 下，测得不同含量的纤维素溶液的吸光度。

（3）计算回归方程　设测得的吸光度为 Y，对应的纤维素含量为 X，求 Y 随 X 而变的回归方程。

2. 样品纤维素含量的测定

（1）样品提取　称取烘干的面粉 0.5 g 于烧杯中，将烧杯置于冷水浴中，加入 60 mL 60% H_2SO_4 溶液，并消化 30 min，然后将消化好的纤维素溶液转入 100 mL 容量瓶中，并用 60%H_2SO_4 溶液定容至刻度，摇匀，然后用布氏漏斗过滤到另一烧杯中。

（2）样品测定　取上述滤液 5 mL 放入 100 mL 容量瓶中，在冷水浴上加蒸馏水稀释至刻度（稀释 20 倍），摇匀后使用。取稀释溶液 2 mL 于具塞试管中，并沿管壁加入5 mL 0.2%蒽酮-硫酸试剂，塞上塞子，摇匀，静置 20 min，然后在 620 nm 波长下测定吸光度。

六、结果与分析

1. 淀粉含量计算

$$淀粉含量 = \frac{C \times \frac{V}{V_1} \times 0.9}{m \times 10^6} \times 100\%$$

式中：C——标准曲线查得的反应液中淀粉含量，μg；

m——样品质量，g；

V——样品定容体积，mL；

V_1——反应液体积，mL；

0.9——淀粉水解时，在单糖残基上加了 1 分子水，因而计算时所得的糖量乘以 0.9 才为扣除加入水量后的实际淀粉含量。

2. 纤维素含量计算　根据测得的吸光度，按回归方程求出反应液中纤维素的含量，然后按下式计算样品中纤维素的含量：

$$样品中纤维素含量 = \frac{C}{m} \times 10^{-6} \times \frac{V}{V_1} \times 稀释倍数 \times 100\%$$

式中：C——按回归方程计算出反应液中纤维素含量，μg；

m——样品质量，g；

V——样品定容体积，mL；

V_1——反应液体积，mL。

七、注意事项

① 淀粉提取时，提取溶液必须准确定量。

② 提取时搅拌的时间最少 5 min。时间过短提取不充分，会导致实验结果偏低。

③ 待测液与蒽酮-硫酸试剂必须充分反应。

八、思考题

① 测定植物组织中淀粉含量的意义是什么？

② 测定植物组织中纤维素含量的意义是什么？

③ 简述测定纤维素含量的原理。

实验四十三　糖酵解中间产物的鉴定

一、实验目的

了解糖酵解过程的某一中间步骤及利用抑制剂来研究中间代谢产物的方法。

二、实验原理

利用碘乙酸对糖酵解过程中 3-磷酸甘油醛脱氢酶的抑制作用，使 3-磷酸甘油醛不再向前变化而积累。硫酸肼作为稳定剂，用来保护 3-磷酸甘油醛使之不自发分解。2，4-二硝基苯肼与 3-磷酸甘油醛在碱性条件下形成 2，4-二硝基苯肼-丙糖的棕色复合物，其棕色程度与 3-磷酸甘油醛含量成正比。

三、实验材料

新鲜酵母。

四、主要仪器设备、耗材与试剂

1. 主要仪器设备与耗材　试管、吸管（1 mL、2 mL、10 mL）、恒温水浴锅、50 mL 烧杯等。

2. 主要试剂

（1）1 mg/mL 2，4-二硝基苯肼溶液　0.1 g 2，4-二硝基苯肼溶于 100 mL 的 2 mol/L 盐酸溶液中，贮于棕色瓶备用。

（2）0.56 mol/L 硫酸肼溶液　称取 7.28 g 硫酸肼溶于 50 mL 水中，这时硫酸肼不易全部溶解，当加入 NaOH 使 pH 达 7.4 时则完全溶解。此溶液也可用水合肼溶液配制，可按其浓度稀释至 0.56 mol/L，此时溶液呈碱性，可用浓硫酸调 pH 达 7.4 即可。

（3）其他试剂　5% 葡萄糖溶液、10% 三氯乙酸溶液、0.75 mol/L NaOH 溶液、0.002 mol/L 碘乙酸溶液等。

五、实验步骤

① 取3个小烧杯，分别加入新鲜酵母0.3 g，并按表30分别加入各试剂，混匀。

表30　不同编号烧杯中加入各种溶液的量

烧杯号	5%葡萄糖/mL	10%三氯乙酸/mL	0.002 mol/L 碘乙酸/mL	0.56 mol/L 硫酸肼/mL
1	10	2	1	1
2	10	0	1	1
3	10	0	0	0

② 将各杯混合物分别倒入编号相同的发酵管内，37 ℃保温1.5 h，观察发酵管产生气泡的量有何不同。

③ 将发酵管中的发酵液倒入编号相同的小烧杯中，并在2号烧杯和3号烧杯中按表31补加各试剂，摇匀，放10 min后和1号烧杯中内容物一起分别过滤，取滤液进行测定。

表31　不同编号烧杯中加入三氯乙酸、碘乙酸和硫酸肼溶液的量

烧杯号	10%三氯乙酸/mL	0.002 mol/L 碘乙酸/mL	0.56 mol/L 硫酸肼/mL
2	2	0	0
3	2	1	1

④ 取3支试管，分别加入上述滤液0.5 mL，并按表32加入试剂和处理。

表32　实验结果的观察记录

管号	滤液/mL	0.75 mol/L NaOH/mL	处理	1 mg/mL 2，4-二硝基苯肼/mL	处理	0.75 mol/L NaOH/mL	观察结果
1	0.5	0.5	室温放置10 min	0.5	38 ℃水浴保温10 min	3.5	
2	0.5	0.5		0.5		3.5	
3	0.5	0.5		0.5		3.5	

六、结果与分析

描述观察到的实验现象，并对实验结果加以分析，包括保温后气泡量及最后的显色结果。

七、注意事项

① 本实验虽为定性鉴定，但在称量和量取体积时仍要求相对准确。

② 应随实验材料来源不同，摸索适宜的保温时间。

八、问题讨论

① 实验中哪一支发酵管生成的气泡最多？哪一支管最后生成物的颜色最深？为什么？

② 实验中三氯乙酸、碘乙酸、硫酸肼3种试剂分别起什么作用？

③ 实验中的气泡是什么气体？如何产生的？

第五部分 脂　类

实验四十四　粗脂肪的定量测定

一、实验目的

学习粗脂肪定量测定的原理和方法。

二、实验原理

粗脂肪是具有脂溶性的脂肪、游离脂肪酸、蜡、磷脂、固醇及色素等物质的总称。这类物质易溶于有机溶剂（如乙醚、氯仿、石油醚和苯等），但不溶于水。粗脂肪的定量测定正是根据这一性质设计的。本实验采用质量法，用无水乙醚作为溶剂浸提脂肪，整个提取过程均在索氏提取器中进行。索氏提取器由冷凝管、提取管、提取瓶连接而成，提取管两侧分别为通气管和虹吸管。盛有样品的滤纸包放入提取管内，提取瓶内注入溶剂乙醚，加热后，溶剂蒸气经通气管至冷凝管，冷凝的液体滴入提取管，浸提样品。当提取管内的溶剂达到一定高度时，溶剂及溶于溶剂中的粗脂肪就经虹吸管流入提取瓶。流入提取瓶的溶剂受热汽化至冷凝管冷凝并滴入提取管内，如此反复提取回馏，最终将样品中的粗脂肪提尽并带入提取瓶内。提取完毕后，将提取瓶中的溶剂蒸去，烘干，提取瓶增加的质量即为样品中粗脂肪的质量。

三、实验材料

芝麻、花生、大豆、玉米。

四、主要仪器设备、耗材与试剂

1. 主要仪器设备与耗材　索氏提取器（其中提取瓶经 100 ℃烘烤 2 h 即恒量，称其质量）、分析天平（万分之一）、研钵及研棒、脱脂滤纸、丝线、针、水浴锅、烘箱等。

2. 主要试剂　无水乙醚［将市售无水乙醚（常仍有水分）每 500 g 中加入 30～50 g 无水硫酸钠或金属钠，1～2 d 后蒸馏，收集 36 ℃馏出液即可］。

五、实验步骤

① 安装索氏提取器。

② 提取粗脂肪。将样品置于 100 ℃烘箱中烘干，冷却后研成粉末（能通过 40 目筛孔），准确称取干样约 2 g（精确至小数点后四位），用滤纸包好（滤纸包须用丝线扎好，保证样品不漏）。将盛有干样的滤纸包放入提取管中（勿使样品高出提取器的虹吸管），加入约占提取管体积 1/3 的无水乙醚（勿超过虹吸管）以浸湿样品，向干燥、恒量的提取瓶内加入约占其

体积1/3的无水乙醚。连接仪器各部，并置于恒温水浴锅上，提取瓶底部浸入水中，开启自来水，使水从冷凝管下孔流入，上孔流出，然后加热水浴。调节水浴温度使无水乙醚每小时回流3～5次。提取时间视样品性质而定，通常需回馏12～16 h（若以麦麸为材料，需回馏3～6 h）。提取结束后，卸下提取瓶，在水浴上蒸馏回收乙醚（以免着火）。然后将提取瓶置100 ℃烘箱中烘烤至恒量。

六、结果与分析

将实验结果填入表33中，并计算样品中粗脂肪含量。

表33 实验结果

样品	干样质量/g	瓶质量/g	瓶及脂肪质量/g	脂肪质量/g

$$粗脂肪含量=\frac{脂肪质量}{干样质量}\times 100\%$$

实验四十五 油料种子油脂含量的快速测定

一、实验目的

掌握快速测定油脂含量的方法以及阿贝折射仪的使用技术。

二、实验原理

折射是物质的一种物理性质。折射率是食品生产中常用的工艺控制指标，通过测定液态食品的折射率可以鉴别食品的组成，确定食品的浓度，判断食品的纯净程度及品质。

利用种子中油的折射率与溶剂的折射率具有显著差异这一特性来进行样品含油量的测定。选用折射率高的非挥发性有机溶剂α-溴代萘和样品一起研磨，使样品中的油脂快速溶解在溶剂中，过滤后测定其折射率。由于油的折射率较低，所以，α-溴代萘溶解样品中的油后，混合溶液的折射率即低于α-溴代萘的折射率，降低的值与溶解的油脂所占的体积成正比（油的体积越大，折射率越小）即可由折射率的下降程度来测量样品的含油量。折射率下降得越多，种子中的含油量越多。

阿贝折射仪可直接用来测定液体的折射率，定量地分析溶液的组成，鉴定液体的纯度。同时，物质的摩尔折射度、摩尔质量、密度、极性分子的偶极矩等也都可与折射率相关，因此阿贝折射仪也是物质结构研究工作的重要工具。阿贝折射仪因所需样品量少，测量精密度高（折射率可精确到0.000 1），重现性好，所以其还是教学和科研工作中常见的光学仪器。近年来，由于电子技术和电子计算机技术的发展，该仪器品种也在不断更新。

常见植物油脂折射率和相对密度的范围见表34。

表34　植物油脂折射率和相对密度的范围

名称	折射率（25 ℃）	相对密度（25 ℃）
花生油	1.468 9～1.469 9	0.909～0.914
芝麻油	1.470 0～1.472 2	0.913～0.921
蓖麻油	1.475 0～1.479 0	0.944～0.966
大豆油	1.472 0～1.475 0	0.917～0.927
菜籽油	1.469 5～1.473 5	0.904～0.911
棉籽油	1.468 0～1.720 0	0.911～0.925

三、实验材料

花生。

四、主要仪器设备、耗材与试剂

1. 主要仪器设备与耗材　研钵、阿贝折射仪、胶头吸管。

2. 主要试剂　α-溴代萘。

五、实验步骤

1. 烘干花生　准确称取2.0～3.0 g花生，105 ℃烘箱中干燥数小时，取出后放在干燥器中冷却至室温，称重，重复干燥至恒量。

2. 称量　取干样品一粒半，在电子天平上称量，置于干的研钵中（用纸擦干净），准确加入2 mL α-溴代萘。

3. 提取油脂　将称量好的干样品与α-溴代萘相混并小心研磨。将附着于研钵边上的细粉刮入底部，保证样品全被研磨，研磨15 min，放置3 min再研磨一次。研磨好的标准是磨成没有颗粒的糊状样品。用塞了脱脂棉的吸管，从糊状样品中吸滤溶液（取一束脱脂棉，顺着纤维拉直并对折起来，塞入已烘干的吸管中，同时将研钵斜放，可以在吸管后部加洗耳球加快吸滤速度）。合格样品的标准是混合液澄清无杂质。

4. 折射率的测定

① 将阿贝折射仪放在明亮处，调节反光镜使视场明亮。

② 用乙醇清洗棱镜，并擦干。

③ 取下棉花，滴2～3滴样品于进光棱镜的毛玻璃表面。

④ 转动上棱镜，使两块棱镜夹紧。

⑤ 拧动阿米西棱镜手轮和棱镜转动手轮，一个手轮调节黑白两半圆，一个手轮调节视场中彩色消失，使黑白分界线正好在十字交叉点。

⑥ 从读数镜头读出刻度弧度上的刻度值，同时记下当时的温度，应该在1～2 min内，反复读取数值，直至数值不再变化为止，将两次不超过误差（0.002）的数值平均，即为所求的折射率（n）

六、结果与分析

1. 折射率读数校正 如果操作是在恒定的25 ℃环境条件下进行的，则读出的折射率（n）不需要校正。如果测定时温度为室温，则需要将折射率换算成25 ℃时的折射率。

油脂温度系数为0.000 38，α-溴代萘温度系数为0.000 45，混合液的温度系数为0.000 44，纯水温度系数为0.000 6。这里的温度系数是指温度每增减1 ℃时，这些物质各自折射率的校正值，但是这些校正值只是适用于10～30 ℃的范围内，超过此范围则不准确。

校正公式如下：

$$(n^{25}) = n^t + 0.00044 \times (t - 25)$$

式中：n^t——样品在t时测得的折射率；

t——测定时的温度。

2. 计算公式

$$\text{油脂含量} = \frac{\alpha\text{-溴代萘体积} \times \text{油的密度}}{\text{样品干物质量}} \times \frac{\alpha\text{-溴代萘折射率} - \text{混合液的折射率}}{\text{混合液的折射率} - \text{油的折射率}} \times 100\%$$

七、注意事项

① 被测油脂中不应含有固体物，严防固体物划坏棱镜表面，因此，测定油脂时必须用滤纸过滤后方可测定。

② 使用时一定要注意保护棱镜组，绝对禁止与玻璃管尖端等硬物相碰；擦拭时必须用镜头纸轻轻擦拭。

八、问题讨论

油料种子油脂含量的测定还有哪些方法？它们的优缺点是什么？

实验四十六　卵黄中卵磷脂的提取、纯化与鉴定

一、实验目的

① 掌握从鲜鸡蛋中提取卵磷脂的方法与原理。

② 掌握卵磷脂鉴定的方法与原理。

③ 了解磷脂类物质的结构和性质。

二、实验原理

卵磷脂是生物体组织细胞的重要成分，主要存在于大豆等植物组织以及动物的肝、脑、脾、心脏、卵等组织中，尤其在蛋黄中含量较多（10%左右）。卵磷脂和脑磷脂均溶于乙醚而不溶于丙酮，而中性脂肪不溶于乙醚而溶于丙酮，利用此性质可将卵磷脂和脑磷脂与中性脂肪分离开；卵磷脂能溶于乙醇而脑磷脂不溶于乙醇，利用此性质又可将卵磷脂与脑磷脂分离。

卵磷脂为白色，当与空气接触后，其所含不饱和脂肪酸会被氧化而使卵磷脂呈黄褐色。卵磷脂被碱水解后可分解为脂肪酸盐、甘油、胆碱和磷酸盐。甘油与硫酸氢钾共热，可生成具有特殊臭味的丙烯醛；磷酸盐在酸性条件下与钼酸铵作用，生成黄色的磷钼酸沉淀；胆碱在碱的进一步作用下生成无色且具有氨和鱼腥气味的三甲胺。这样通过对分解产物的检验可以对卵磷脂进行鉴定。

三、实验材料

鲜鸡蛋。

四、主要仪器设备、耗材与试剂

1. 主要仪器设备与耗材　蛋清分离器、恒温水浴锅、蒸发皿、漏斗、铁架台、磁力搅拌器、天平、量筒、干燥试管、红色石蕊试纸、滤纸、玻璃棒、烧杯等。

2. 主要试剂　95%乙醇、乙醚、丙酮、$ZnCl_2$、无水乙醇、10%氢氧化钠、3%溴的四氯化碳溶液、硫酸氢钾、钼酸铵溶液（将 6 g 钼酸铵溶于 15 mL 蒸馏水中，加入5 mL浓氨水，另外将 24 mL 浓硝酸溶于 46 mL 的蒸馏水中，两者混合静置 1 d 后再用）等。

五、操作步骤

1. 卵磷脂的提取　取鸡蛋黄约 10 g，放入小烧杯内。加入 30 mL 温热的 95%乙醇溶液，边加边搅拌均匀，冷却后过滤。如滤液仍混浊，可再次过滤至滤液透明。将滤液置于蒸发皿内，于水浴锅中蒸干溶剂，所得干物质即为卵磷脂粗品。

2. 卵磷脂的纯化　取一定量的卵磷脂粗品，用无水乙醇溶解，得到约 10%的乙醇粗提液，加入相当于卵磷脂质量 10%的 $ZnCl_2$ 水溶液，室温搅拌 0.5 h；分离沉淀物，加入适量冰丙酮（4 ℃）洗涤，搅拌 1 h，再用丙酮反复研洗，直到丙酮洗液为近无色，得到白色蜡状的精卵磷脂，干燥，称其质量。

3. 卵磷脂的溶解性试验　取干燥试管，加入少许精卵磷脂，再加入 5 mL 乙醚，用玻璃棒搅动使卵磷脂溶解，逐滴加入丙酮 3～5 mL，观察实验现象。

4. 卵磷脂的鉴定

（1）三甲胺的检验　取干燥试管一支，加入少量提取的卵磷脂以及 2～5 mL 10%氢氧化钠溶液，放入水浴中加热 15 min，在管口放一片红色石蕊试纸，观察试纸颜色有无变化，并嗅其气味。将加热过的溶液过滤，滤液供下面检验。

（2）不饱和性检验　取干净试管一支，加入 10 滴上述滤液，再加入 1～2 滴 3%溴的四氯化碳溶液，振摇试管，观察有何现象产生。

（3）磷酸的检验　取干净试管一支，加入 10 滴上述滤液和 5～10 滴 95%乙醇溶液，然后再加入 5～10 滴钼酸铵溶液，观察有何现象产生。将试管放入热水浴中加热 5～10 min，观察有什么变化。

（4）甘油的检验　取干净试管一支，加入少许卵磷脂和 0.2 g 硫酸氢钾，用试管夹夹住试管并先在小火上略微加热，使卵磷脂和硫酸氢钾混溶，然后再集中加热，待有水蒸气放出时，嗅有何气味产生。

六、结果与分析

记录观察到的现象并分析原因。

七、注意事项

本实验中的乙醚、丙酮及乙醇均为易燃药品，氯化锌具腐蚀性，实验时注意安全。

八、问题讨论

① 卵磷脂的用途有哪些？
② 本实验有哪些步骤可以改进？

实验四十七　油脂皂化值的测定

一、实验目的

学习、掌握油脂皂化值测定的原理、方法，并据此对测试油脂进行评价。

二、实验原理

油脂的碱水解称为皂化作用。皂化值是指中和 1 g 油脂完全水解所释放的脂肪酸而需要的 KOH 的质量（以毫克计），皂化值大小可评估组成油脂的脂肪酸的相对分子质量大小。组成油脂的脂肪酸碳链越长，每克油脂水解释放的脂肪酸的量越少，因此皂化值越小，即油脂皂化值与其脂肪酸的相对分子质量大小成反比。测定皂化值，可检查油脂质量（是否混有其他物质）和指示油脂皂化所需的碱量。

三、实验材料

油脂（如菜籽油、色拉油、麻油、花生油、豆油、猪油、棉籽油等）。

四、主要仪器设备、耗材与试剂

1. 主要仪器设备与耗材　分析天平（万分之一）、烧瓶 150 mL 或三角瓶 150 mL、水冷回流冷凝管、酸式滴定管（50 mL）、碱式滴定管（50 mL）、水浴锅、橡皮管等。

2. 主要试剂

（1）0.5 mol/L KOH-乙醇溶液　其浓度须经标准盐酸溶液标定，将浓度准确调整为 0.5 mol/L。

（2）0.1 mol/L 标准盐酸溶液　取浓盐酸（密度 1.19 g/mL）8.5 mL，用蒸馏水定容至 1 000 mL，此酸液浓度约为 0.1 mol/L。标定方法：取 3～5 g 无水碳酸钠于 110 ℃下烘烤 2 h，置于干燥器中冷却至室温。称取此干燥碳酸钠 2 份，每份质量 0.13～0.15 g（精确至小数点后四位），溶于约 50 mL 蒸馏水中，加甲基橙指示剂 2 滴，用待标定的盐酸溶液滴定至橙红色。

$$盐酸溶液浓度（mol/L）=\frac{Na_2CO_3的物质的量（mol）}{滴定所耗HCl体积（mL）\times 2\times 1\,000}$$

以滴定结果的平均值作为酸液浓度，若两次滴定结果相差0.2%，需重新标定。

（3）1%酚酞指示剂 取酚酞1 g，溶于95%乙醇中并定容至100 mL。

五、实验步骤

1. 称样 用分析天平称取1.0 g左右（精确至小数点后4位）的油脂样品2份，分别放入150 mL烧瓶中待测。

2. 皂化 烧瓶中各加入25 mL 0.5 mol/L KOH-乙醇溶液，同时另取2个烧瓶，加入等量的KOH-乙醇溶液作为空白。烧瓶与回流冷凝管相接，在沸水浴中回流30 min左右，使油脂完全皂化（轻轻旋转烧瓶，瓶壁无油滴下流）。

3. 测定 待烧瓶冷却至室温时，取下烧瓶，将瓶内溶液完全转入干净的三角瓶内，加入酚酞指示剂2滴，用标准盐酸滴定至指示剂褪色。

六、结果与分析

$$皂化值（mg/g）=\frac{(V_1-V_2)\times c\times 56.1}{m}$$

式中：V_1——空白消耗的HCl体积，mL；

V_2——样品消耗的HCl体积，mL；

c——标准盐酸溶液的物质的量浓度，mol/L；

56.1——KOH的摩尔质量，g/mol；

m——油脂质量，g。

$$油脂的平均相对分子质量=\frac{3\times 56.1\times 1\,000}{皂化值}$$

七、注意事项

① 如果溶液颜色较深，终点观察不明显，可以改用ρ=10 g/L的百里酚酞作指示剂。

② 皂化时要防止乙醇从冷凝管口挥发，同时要注意滴定液的体积，酸标准溶液用量大于15 mL，要适当补加中性乙醇。

③ 两次平行测定结果允许误差不大于0.5。

八、问题讨论

测定油脂的皂化值有什么意义？

实验四十八 油脂碘值的测定

一、实验目的

学习、掌握油脂碘值测定的原理、方法。了解油脂碘值测定的意义。

二、实验原理

脂肪中，不饱和脂肪酸的不饱和键能与卤素（Cl_2、Br_2、I_2）发生加成反应，生成卤代脂肪酸，这一作用称为卤化作用。不饱和键数目越多，加成的卤素量也越多，通常以“碘值”表示。在油脂卤化作用中，每 100 g 油脂吸收碘的质量（以克计）称为碘值。碘值大小可反映油脂的不饱和程度，即油脂中不饱和键的多寡；碘值变化可显示油脂的氢化程度。

本实验采用格尤布里-瓦列尔碘试剂法，碘试剂（ICl）是由碘的乙醇溶液和氯化高汞的乙醇溶液混合产生的，在混合液中加少量浓盐酸，使生成的碘试剂更加稳定。本实验中，产生的碘试剂是足够量的，一部分 ICl 与脂肪中的不饱和脂肪酸起加成作用，余下部分与碘化钾作用放出碘，放出的碘用硫代硫酸钠滴定。

$$HgCl_2+2I_2 \longrightarrow HgI_2+2ICl$$

$$RCH_2-CH=CH-(CH_2)_n-COOH+ICl \longrightarrow RCH_2-\underset{\displaystyle I}{\underset{|}{CH}}-\underset{\displaystyle Cl}{\underset{|}{CH}}-(CH_2)_nCOOH$$

$$ICl+KI \longrightarrow I_2+KCl$$

$$I_2+2Na_2S_2O_3 \longrightarrow 2NaI+Na_2S_4O_6$$

三、实验材料

油脂（如菜籽油、色拉油、麻油、花生油、豆油、猪油、棉籽油等）。

四、主要仪器设备、耗材与试剂

1. 主要仪器设备与耗材　分析天平（万分之一）、碘瓶 250 mL、吸管（25 mL、10 mL）、量筒（100 mL）、滴定管（50 mL）等。

2. 主要试剂

（1）0.1mol/L 硫代硫酸钠溶液　准确量取 0.1 mol/L 碘酸钾溶液 20 mL、10%碘化钾溶液 10 mL 和 1 mol/L 硫酸 20 mL，混合均匀。以 1%淀粉溶液作指示剂，用硫代硫酸钠进行滴定至蓝色恰好消失。

$$KIO_3+5KI+3H_2SO_4 \longrightarrow 3K_2SO_4+3I_2+3H_2O$$

$$I_2+2Na_2S_2O_3 \longrightarrow 2NaI+Na_2S_4O_6$$

按上述化学反应式计算硫代硫酸钠浓度后，用煮沸冷却的蒸馏水将其稀释至 0.1 mol/L。

（2）1%淀粉溶液　称取 1.0 g 淀粉，溶于饱和氯化钠溶液中并定容至 100 mL。

（3）10%碘化钾溶液　称取 100 g 碘化钾，加蒸馏水溶解并稀释至 1 000 mL。

（4）其他试剂　氯仿、碘试剂等。

五、实验步骤

① 取 4 个洁净、干燥的碘瓶，按 1～4 编号，各加 10 mL 氯仿，在 1 号瓶、2 号瓶中分别加入准确称取的 0.1～0.2 g 油脂样品（精确至小数点后四位，切勿使油黏在瓶颈或瓶壁上），3 号瓶、4 号瓶作为空白瓶。

② 用吸管吸取 25 mL 碘试剂于碘瓶中（勿使试剂与瓶口接触），立即塞紧瓶塞，通常在玻璃塞和瓶口之间滴加数滴 10%碘化钾溶液封闭缝隙，以免碘挥发损失，轻轻摇动，使油脂全部溶解。加入碘试剂后，若瓶中溶液呈浅褐色，表明试剂不够，须再添加 10～15 mL 试剂；若瓶中液体变混浊，表明油脂在氯仿中溶解不完全，可适当补充些氯仿。通常将碘瓶放置 1～2 h，瓶中液体呈暗红色，表明反应完毕。

③ 反应结束后，立刻小心打开瓶塞，使瓶塞旁碘化钾溶液流入瓶内，加入 20 mL 10%碘化钾溶液，然后用约 20 mL 蒸馏水把瓶塞和瓶颈上的液体冲洗入瓶内，混匀。用 0.1 mol/L 硫代硫酸钠溶液迅速滴定释放的碘至浅黄色，加 1%淀粉指示剂 5～10 滴，继续滴定，滴定将近终点时（蓝色极浅），用力振荡，也可加塞振荡，继续滴定至蓝色恰好消失为止，即达滴定终点。用同样方法滴定空白瓶。

六、结果与分析

$$\text{碘值} = \frac{(V_1 - V_2) \times c \times 126.9}{1\,000 \times m} \times 100$$

式中：V_1——空白消耗 $Na_2S_2O_3$ 溶液的体积，mL；

V_2——样品消耗 $Na_2S_2O_3$ 溶液的体积，mL；

c——$Na_2S_2O_3$ 的物质的量浓度，mol/L（本实验为 0.1 mol/L）；

126.9——碘摩尔质量，g/mol；

m——油脂质量，g。

七、注意事项

① 碘瓶必须洁净、干燥。

② 加入碘试剂后，碘瓶中颜色变成浅褐色，表明碘试剂不够，需再添加 10～15 mL。

③ 注意使用正确的滴定方式。临近滴定终点时，注意用力振荡。

④ 淀粉溶液不宜添加过早。

八、问题讨论

测定油脂的碘值有什么意义？

实验四十九　油脂酸值的测定

一、实验目的

酸值的高低标志着油脂的质量好坏，它是鉴定油脂的主要指标之一。本实验主要学习、掌握油脂酸值测定的原理和方法，了解油脂酸值测定的意义。

二、实验原理

酸值是指中和 1 g 油脂中的游离脂肪酸所需氢氧化钾的质量（以毫克计），酸值大小可表示油脂酸败的程度，可衡量油脂品质优劣。生产上一般要求油脂的酸值在1 mg/g 以下。

$$RCOOH + KOH \longrightarrow RCOOK + H_2O$$

本实验主要采用滴定法测定油脂酸值。将试样溶解在乙醚和乙醇的混合溶剂中，然后用KOH-乙醇标准溶液滴定存在于油脂中的游离脂肪酸。

油脂在空气中暴露过久，会产生难闻的臭味，这种现象称为酸败。油脂酸败的主要原因是油脂中不饱和脂肪酸被空气中的氧氧化分解为低级醛、酮及其衍生物，这些物质使油脂产生臭味。微生物的作用也可导致油脂酸败。光、热、湿气可加速油脂的酸败。

三、实验材料

油脂（如菜籽油、色拉油、麻油、花生油、豆油、猪油、棉籽油等）。

四、主要仪器设备、耗材与试剂

1. 主要仪器设备与耗材　三角瓶或锥形瓶（250 mL）、碱式滴定管（25 mL）、量筒（50 mL）、移液管、容量瓶、水浴锅、分析天平（万分之一）等。

2. 主要试剂　KOH 标准溶液（0.01 mol/L）、95%中性乙醇、1%酚酞指示剂等。

五、实验步骤

1. 取样　根据预计的酸价，按表 35 取样。

表 35　预计的酸价所对应的样品质量

预计酸价/(mg/g)	样品质量/g	样品称量的误差值/g
＜1	20	0.05
1～4	10	0.02
4～15	2.5	0.01
15～75	0.5	0.001
＞75	0.1	0.000 2

准确称量后的样品放到 250 mL 锥形瓶中待检。

2. 测定　加入约 50 mL 95%中性乙醇，加热至沸腾 3～5 min，使样品溶解。加入 3 滴酚酞指示剂，立即以 KOH 标准溶液（0.1 mol/L）滴定至溶液呈微红色，30 s 内不褪色，即为终点，平行测定两次。记录滴定所消耗 KOH 标准溶液的体积。空白对照直接用 KOH 标准溶液滴定 95%中性乙醇，并记录滴定所消耗 KOH 标准溶液的体积。

六、结果与分析

$$\text{酸值 (mg/g)} = \frac{(V_1 - V_2) \times c \times 56.1}{m}$$

式中：V_1——样品消耗 KOH 溶液的体积，mL；

V_2——空白所耗 KOH 溶液的体积，mL；

c——KOH 标准溶液的物质的量浓度，mol/L（本实验为 0.1 mol/L）；

56.1——KOH 摩尔质量 g/mol；

m——油脂质量，g。

七、注意事项

① 在滴定法测定酸价中，滴定终点指示是否灵敏和是否便于把握是本法测定结果准确度和精确度的关键。在国家标准《食用植物油卫生标准的分析方法》（GB 5009.37—2003）中，是以酚酞作为指示剂的，但常常由于油样颜色和滴定反应中产生的一些不良现象所影响，酚酞指示剂灵敏度较低，在操作中不易辨认和掌握，甚至出现较大误差。为减少这一终点判断误差，可以采取以下措施：

a. 对于颜色较深的油样（如花生油），可在保证实验精确度的前提下，适当减少试样用量，同时适当增加溶剂用量，以稀释油样色素对滴定终点指示的干扰，从而便于观察终点的出现。

b. 对于在滴定反应中产生的混浊现象，可立即在样品溶液中补加 95%中性乙醇形成均一的液相体系。同时，在滴定之前也要防止将大量水带入样品混合液。

c. 对三角瓶等用具应先进行干燥处理，或用少量乙醇、乙醚洗涤。

d. 可选用稍大浓度的碱标准液滴定，但要防止增加量的量取误差。

e. 选用 50%乙醇溶解 KOH，配制碱标准溶液进行滴定。

② 在测定植物油脂的酸价时，使用的 KOH 试剂，按照植物油脂酸价的标准测定方法，对它的要求浓度为 0.1 mol/L，但在实际工作中，配制成的 KOH 试剂很难正好是 0.1 mol/L，浓度略高或略低都是允许的，但浓度过高或过低会影响测定结果的准确度。

③ 在通常测定酸价时，一般使用酚酞作为指示剂。但对于酸价高、颜色深的油脂，用酚酞作为指示剂其终点不易判断，此时可选择百里香酚酞和百里香酚蓝作为指示剂。

八、问题讨论

测定油脂的酸值有什么意义？

下篇　综合性、设计性与研究性实验

实验五十　植物叶片膜脂脂肪酸组分对低温的响应

一、实验目的

学习并掌握植物叶片脂肪酸的提取原理和方法；了解低温对植物膜脂的影响。

二、实验原理

植物细胞膜是细胞与外界环境联系的直接界面，对环境变化极为敏感。当低温发生时，膜脂的组成、结构和状态等会发生改变。当达到一定的低温时，膜脂由流动相转变为凝胶相，生物膜流动性降低，蛋白质组分不能行使正常功能，溶质的跨膜运输、能量转化、酶促代谢受到抑制，从而引起伤害。

三、实验材料

盆栽油菜幼苗长至5叶期时，放入4℃冷室内处理，对照植株放置在22℃下继续生长，72 h后取叶片用于膜脂提取。

四、主要仪器设备、耗材与试剂

1. 主要仪器设备与耗材　气相色谱仪、FID检测器、分析天平、恒温水浴锅、研钵、离心管（15 mL）等。

2. 主要试剂　5%盐酸-甲醇溶液、氯仿-甲醇溶液（体积比1∶1）、正己烷、37种脂肪酸甲酯混合标样等。

五、实验步骤

1. 膜脂提取　将低温处理的叶片剪取后立刻放入烘箱内105℃作用5 min以钝化酯酶（这里主要是指磷酸酯酶D），然后剪碎叶片，混匀，称取100 mg样品进行研磨，之后移入15 mL具塞试管内，试管中加入5%盐酸甲醇溶液2 mL、氯仿-甲醇溶液（体积比1∶1）3 mL、十九烷酸甲酯内标（1 mg/mL）100 μL，置85℃水浴锅中1 h，待温度降到室温后在试管中加入2 mL正己烷振荡萃取两次，每次2 min，合并两次萃取液，用氮气吹干后，加入1 mL正己烷，进行气相色谱分析。未经低温处理的叶片也进行同样处理，以提取膜脂。

2. 膜脂中脂肪酸成分分析　用程序升温，柱温140℃，4℃/min升至225℃，汽化室和检测器温度250℃，载气为N_2，流速1 mL/min，FID检测器。标样进样量1 μL，分流比

30∶1；样品进样量 2 μL，分流比 10∶1。

六、结果与分析

以脂肪酸甲酯标准样品保留时间进行定性分析，确定样品中脂肪酸的种类。用十七酸作为内标物定量分析叶片中脂肪酸的含量，按照峰面积归一法计算各脂肪酸在总脂肪酸中的相对含量。其计算公式为：

$$m_i = f(S_i/S_{17})m_{17}$$

式中：m_i——所测植物叶片中脂肪酸的质量，μg；

S_i——所测脂肪酸的峰面积；

S_{17}——十七酸峰面积；

m_{17}——十七酸的质量，为 100 μg。

根据实验数据，分析低温对膜脂的影响。

七、注意事项

① 植物叶片取样后应立刻放入高温下以钝化酯酶活性，此步骤也可以把叶片放入 70 ℃ 预热的异丙醇（0.01%丁羟甲苯）中作用 15 min，以钝化磷酸酯酶 D 的活性，从而防止分解产生磷脂酸。

② 实验中应使用玻璃试管、移液管等，避免使用塑料器皿，以免造成样品污染。

八、问题讨论

① 低温胁迫下植物脂肪酸组分是如何变化的？

② 讨论膜脂脂肪酸组分含量及其配比与植物的耐寒性关系。

实验五十一　植物细胞基因组 DNA 的提取与定量测定

一、实验目的

① 学习并掌握植物基因组 DNA 的提取原理和方法。

② 了解琼脂糖凝胶电泳的基本原理和操作方法。

③ 学习使用紫外分光光度计测定 DNA 浓度、纯度的操作技术，了解定量分析 DNA 浓度、纯度的方法和原理。

二、实验原理

植物细胞基因组 DNA 多以与蛋白质结合形成的 DNA-蛋白复合体存在于细胞内。在液氮中研磨破坏植物细胞壁后，CTAB（十六烷基三甲基溴化铵）可溶解细胞膜、核膜和核蛋白，使 DNA 与蛋白质分离，再使用氯仿-异戊醇使蛋白质变性，溶液出现分层现象，离心可除去大量杂质。取上清液加入异丙醇可使 DNA 沉淀，离心后即可得到植物基因组 DNA。

DNA 链上碱基的苯环结构对紫外光区波长 260 nm 处具有较强的吸收作用，可根据紫外分光光度计在波长 260 nm 的吸光度来确定 DNA 浓度。

$$DNA浓度（\mu g/\mu L）=A_{260}\times 样品稀释倍数\times 50/1\,000$$

纯DNA样品用紫外分光光度计测定的 A_{260}/A_{280} 约为1.8；若 $A_{260}/A_{280}<1.6$，表明DNA样品中有蛋白质污染；若 $A_{260}/A_{280}>1.9$，表明DNA样品中有RNA污染。

三、实验材料

幼嫩植物叶片。

四、主要仪器设备、耗材与试剂

1. 主要仪器设备与耗材 研钵、分析天平、恒温水浴锅、冷冻高速离心机、离心管（1.5 mL）、冰箱、移液枪（全套）及灭菌枪头等。

2. 主要试剂

（1）CTAB提取液 内含20 g/L CTAB、100 mmol/L Tris-HCl（pH=8.0）、20 mmol/L EDTA（pH=8.0）、1.4 mol/L NaCl（pH=8.0）。用前加入0.2%（体积分数）的巯基乙醇。

（2）TE缓冲液 内含10 mmol/L Tris-HCl、1 mmol/L EDTA，pH 8.0。

（3）其他试剂 氯仿-异戊醇（24∶1）、75%乙醇、异丙醇及RNase等。

五、实验步骤

1. 植物基因组DNA的提取

① 称取0.1～0.2 g样品，在研钵中用液氮研磨成粉末后，转移到1.5 mL离心管中，加入600 μL CTAB提取液，上下颠倒数次摇匀，65 ℃水浴35 min，其间上下颠倒摇匀1次。

② 加入等体积的氯仿-异戊醇（24∶1），轻轻颠倒混匀30 s，4 ℃ 10 000 r/min离心10 min。

③ 取上清液400 μL加入500 μL异丙醇，混匀后−20 ℃静置10 min，4 ℃ 10 000 r/min离心10 min，弃上清液。

④ 加1 mL 75%乙醇洗涤沉淀物，4 ℃ 7 500 r/min离心10 min，弃上清液。重复一次该步骤。

⑤ 打开盖子，室温晾干3～10 min。

⑥ 将DNA沉淀物用30～50 μL TE缓冲液溶解，再加入适量RNase摇匀。

2. DNA浓度和纯度测定

① 用分光光度计测定入射光波长分别为260 nm、280 nm吸光度值。取两只1.0 mL的狭缝石英比色杯，一只装入1.0 mL重蒸水作为空白溶液，校正分光光度计零点和透光度至100。另一只先加5 μL DNA待测样品，再加重蒸水稀释混匀至1 000 μL。

② 计算DNA浓度和纯度。

六、结果与分析

$$样品中DNA浓度（\mu g/\mu L）=\frac{A_{260}\times 200\times 50}{1\,000}$$

DNA纯度通过 A_{260}/A_{280} 来判断。

七、注意事项

① 使用液氮研磨时，一定要小心操作，以免冻伤。

② 在第一步磨样操作时一定要迅速，以免植物细胞释放大量的 DNA 酶降解 DNA。

③ DNA 提取过程中尽量要温和，避免剧烈振荡，以免机器力使 DNA 断裂成片段。

八、问题讨论

① 简述 DNA 提取过程中需要注意的问题，讨论如何才能提取高质量的 DNA。

② 紫外分光光度计定量核酸的原理是什么？

实验五十二　植物苯丙氨酸解氨酶的提取、纯化及活力测定

一、实验目的

掌握纯化酶的基本操作和方法，学习一种常用的苯丙氨酸解氨酶的酶活力测定法。

二、实验原理

苯丙氨酸解氨酶（L-phenylalanine ammonialyase，PAL）是植物体内苯丙烷类物质代谢的关键酶，与一些重要的次生物质如木质素、异黄酮类植保素、黄酮类色素等合成密切有关，在植物正常生长发育和抵御病菌侵害过程中发挥重要作用。PAL 催化 L-苯丙氨酸裂解为反式肉桂酸和氨，反式肉桂酸在 290 nm 处有最大吸收值。若酶的加入量适当，吸光度升高的速率可在几小时内保持不变，因此可通过测定吸光度升高的速率来测定 PAL 活力。规定 1 h 内吸光度增加 0.01 为 PAL 的一个活力单位。

三、实验材料

植物材料。

四、主要仪器设备、耗材与试剂

1. 主要仪器设备与耗材　低温离心机、分光光度计、天平、层析柱、纤维素柱、Sephadex G－25、DEAE 纤维素 52 干粉、胶床、烧杯、刻度试管、容量瓶、玻璃棒、胶头滴管、移液管、止水夹、研钵、制冰机、纱布等。

2. 主要试剂

（1）酶提取液　0.1 mol/L 硼酸-硼砂缓冲液（含 1 mmol/L EDTA、20 mmol/L β-巯基乙醇）。

（2）0.02 mol/L 磷酸盐缓冲液（pH 8.0）　内含 0.5 mmol/L EDTA、2.5%甘油、20 mmol/L β-巯基乙醇。

（3）标准蛋白质溶液（100 μg/mL）　准确称取 10 mg 牛血清白蛋白于烧杯内，用蒸馏水溶解，完全转移到 100 mL 容量瓶内，用蒸馏水定容至刻度，混匀。

（4）考马斯亮蓝 G－250 蛋白质染色液　称取 10 mg 考马斯亮蓝 G－250，溶于

5 mL 95%乙醇中，加入 0.85 g/mL 磷酸 10 mL，混匀后即为母液。用时，按 15 mL 母液加 85 mL 蒸馏水的比例稀释，混匀后过滤即为稀释液。

（5）其他试剂　0.06 mol/L L-苯丙氨酸溶液、6 mol/L HCl、硫酸铵（固体）等。

五、实验步骤

1. 酶液提取　称取植物材料 1 g，剪成小段，加入 5 倍体积的酶提取液，于冰浴上研钵研磨成匀浆。将匀浆用 3 层纱布过滤。滤液转入离心管，10 000×g 冷冻离心 30 min。取离心后的上清液，量出其体积，放置于冰浴中备用，即酶粗提液。

2. 硫酸铵分级沉淀酶蛋白　从酶粗提液中吸出 0.5 mL，用于后面的活力测定。余下酶粗提液根据实际体积、温度和硫酸铵饱和度用量表，计算出达 38%饱和度应加入的硫酸铵质量，并称量硫酸铵。

将酶粗提液倒入烧杯内，边缓慢搅拌边缓慢加入称好的固体硫酸铵，待全部加完后，再缓慢搅拌 10 min，然后于 10 000×g 冷冻离心 10 min，保留上清液于烧杯内。

根据硫酸铵饱和度用量表，计算出从 38%到 75%饱和度所需硫酸铵用量。按上述同法处理，离心后，弃去上清液，保留沉淀。将沉淀溶于 1 mL 酶提取液中。

3. Sephadex G-25 层析脱盐

（1）凝胶溶胀　称取 Sephadex G-25 5 g，加入适量 0.02 mol/L 磷酸盐缓冲液，在室温下溶胀。待溶胀平衡后，虹吸去除上清液中的细小凝胶颗粒，这样溶胀处理 2～3 次。

（2）装柱　固定好层析柱，柱保持垂直，将 20 mL 蒸馏水装入柱内，打开止水夹赶去柱内气泡，当柱内保留 1 mL 左右水层时，把处理好的 Sephadex G-25 用玻璃棒搅匀，尽量一次加入柱内，待胶床表面仅有 1～2 cm 液层时，旋紧止水夹。装好的胶柱应无气泡、无节痕，床面平整，床面铺 1 张圆形滤纸片。

（3）上样　让胶床表面几乎不留液层，将 1 mL 沉淀溶解液小心注入胶床中央，注意不要冲坏床面，吸取 1 mL 磷酸盐缓冲液，把吸附在玻璃壁上的沉淀溶解液洗入柱内，在床表面仅有 1 cm 左右液层时，再小心地用滴管加入 5～6 cm 高的磷酸盐缓冲液洗脱。

（4）洗脱收集　取刻度试管 5 支，编号，柱床上面不断加磷酸盐缓冲液洗脱，出水口下不断用刻度试管收集洗脱液，每管收集 3 mL。

测定每管的 PAL 活力，合并 PAL 活力高的试管，记为酶洗脱液。

4. DEAE 纤维素柱梯度洗脱　称取 DEAE 纤维素 52 干粉 1～1.5 g，加 20 mL 的 0.02 mol/L磷酸盐缓冲液（pH8.0）浸泡 4 h 以上。

（1）装柱　把预处理的 DEAE 纤维素 52 装柱（方法及要求同凝胶层析柱）。装柱完成后，用 2～3 个床体积的 0.02 mol/L 磷酸盐缓冲液（pH8.0）平衡该柱。

（2）上样　把所得的酶洗脱液小心地注入柱床面中央，方法也与凝胶层析中上样一样。上样结束后，在床面以上小心地加入 0.02 mol/L 磷酸盐缓冲液 2～3 cm 厚液层。注意上样开始就收集流出液。

（3）洗柱　用约 2 倍床体积的 0.02 mol/L 磷酸盐缓冲液洗柱，收集洗柱液。按洗脱管编号，每隔 3 管（如 1、4、7 等）取其洗脱液 0.1 mL，测各管中 PAL 的活力；合并主要含有 PAL 活力的各管洗脱液，并量出其总体积。

5. 酶活力测定　取试管 3 支，按表 36 所述加样（0 号为调零管，1 号为测定管，2 号为对照管）。

表 36　酶活力测定所用试剂

试　剂	管　号		
	0	1	2
0.1 mol/L 硼酸-硼砂缓冲液/mL	4	3.9	4.9
酶液/mL	0	0.1	0.1
0.06 mol/L 苯丙氨酸/mL	1	1	0

将各管混匀，放入 40 ℃恒温水浴中保温 1 h，然后加 0.2 mL 6 mmol/L HCl 终止反应。紫外分光光度计预热 10 min，于波长 290 nm 处测定各管的吸光度（A_{290}）。

6. 蛋白质含量测定（考马斯亮蓝染色法）　取酶粗提液 0.1 mL，用蒸馏水稀释至 5 mL。取试管 8 支，按表 37 加入各溶液。

表 37　蛋白质含量测定所用试剂

试　剂	管　号							
	0	1	2	3	4	5	6	7
标准蛋白质溶液/mL	0	0.2	0.4	0.6	0.8	1.0	0	0
稀释酶液/mL	0	0	0	0	0	0	1	1
蒸馏水/mL	2	1.8	1.6	1.4	1.2	1	0	0
染色液/mL	2	2	2	2	2	2	2	2

将上述各管试剂混匀，静置 2 min，于波长 595 nm 处测定各管的吸光度（A_{595}）。

六、结果与分析

1. 总活力计算　以每分钟 A_{290} 变化 0.01 为一个活力单位（U），总活力计算公式如下：

$$\text{PAL 活力}=\frac{A_{290}\times V}{V_1\times 0.01\times m\times t}$$

式中：V——提取粗酶液总体积，mL；

V_1——测定时取用粗酶液体积，mL；

m——样品质量，g；

t——反应时间，h。

2. 蛋白质含量计算

（1）标准曲线制作　以 0～5 号管中的蛋白质质量为横坐标，以波长 595 nm 处的吸光度（A_{595}）为纵坐标，进行直线拟合，得到标准曲线。

（2）蛋白质含量的测定　依照标准曲线操作，测出样品的 A_{595}，然后利用标准曲线，求出反应液中蛋白质含量；再计算出提取样品中的总蛋白质含量（一般被测样品的 A_{595} 值为 0.2～0.8，如果上述样品 A_{595} 值太大，可以稀释后再测 A_{595} 值，然后再计算）。

3. 比活力计算

$$\text{比活力（U/mg）}=\frac{\text{PAL 总活力（U）}}{\text{蛋白质质量（mg）}}$$

七、注意事项

① 往酶液中加固体硫酸铵时，注意不能有大颗粒，加的速度也不能过快。

② 层析柱要保持与地面垂直，往柱内加样品时要小心，避免冲坏床面。

八、问题讨论

苯丙氨酸解氨酶在提取中是否存在损失？我们应如何防止出现损失？

实验五十三　天然产物中多糖的分离、纯化与鉴定

一、实验目的

掌握多糖提取和纯化的一般方法。

二、实验原理

由于高等植物中多糖主要是细胞壁多糖，多糖组分主要存在于其形成的小纤维网状结构的基质中，利用多糖溶于水而不溶于醇等有机溶剂的特点，通常采用热水浸提后用乙醇沉淀的方法，对其进行提取。

多糖的纯化，是将存在于粗多糖中的杂质去除，一般是脱去非多糖的组分。常用的去除多糖中蛋白质的方法有 Sevage 法、三氟三氯乙烷法、三氯乙酸法等。其原理都是使多糖不沉淀而使蛋白质沉淀，其中 Sevage 法脱蛋白质效果较好，它是将氯仿与戊醇（或丁醇、正丁醇），以 4∶1 比例混合摇匀，加到样品中进行充分振摇，使样品中的蛋白质变性成不溶状态，经离心分离去除。

本实验采用硫酸-苯酚法来测多糖含量。硫酸-苯酚法利用多糖在硫酸的作用下先水解成单糖，并迅速脱水生成糖醛衍生物，然后与苯酚生成橙黄色化合物，再通过比色法测定即可。

三、实验材料

海带。

四、主要仪器设备、耗材与试剂

1. 主要仪器设备与耗材　旋转真空蒸发仪、摇床、离心机、电子天平、容量瓶（500 mL）、活性炭等。

2. 主要试剂　试剂均为分析纯。

（1）80%苯酚　称取 80 g 苯酚（分析纯重蒸馏试剂）加 20 g 水使之溶解，可置冰箱中避光长期贮存。

（2）6%苯酚　临用前以 80%苯酚配制（注意：每次测定均需现配）。

(3) 缓冲液　0.01 mol/L Tris－HCl，pH＝7.2。

(4) 缓冲液 A　内含 0.1 mol/L NaCl、0.01 mol/L Tris－HCl (pH＝7.2)。

(5) 缓冲液 B　内含 0.5 mol/L NaCl、0.01 mol/L Tris－HCl (pH＝7.2)。

(6) 其他试剂　95%浓硫酸、标准葡聚糖或分析纯葡萄糖、氯仿、正丁醇、95%乙醇等。

五、实验步骤

1. 粗多糖的提取　将海带清洗干净，切碎烘干后称量，采用微波提取法，每次原料和水质量之比均为 1∶20，浸提时间 3 min，得浸提液。对多糖提取液需进行脱色处理，以 1%的比例加入活性炭，搅拌均匀，15 min 后过滤即可。在浓缩液中加入 3 倍体积的 95%乙醇搅拌，沉淀为多糖和蛋白质的混合物，此为粗多糖，它是混合物，其中可能存在中性多糖、酸性多糖、单糖、低聚糖、蛋白质和无机盐等，必须进一步分离纯化。

2. 粗多糖的分离纯化　粗多糖溶液加入 Sevage 试剂（氯仿∶正丁醇＝4∶1，混合摇匀）后，置恒温振荡器中振荡过夜，使蛋白质充分沉淀，离心（3 000 r/min）分离，去除蛋白质。然后浓缩、透析，加入 4 倍体积的 95%乙醇沉淀多糖，将沉淀冻干。

3. 多糖的鉴定

(1) 制作标准曲线　准确称取干燥的标准葡聚糖（或葡萄糖）20 mg 于 500 mL 容量瓶中，加水至刻度，分别吸取 0 mL、0.4 mL、0.6 mL、0.8 mL、1.0 mL、1.2 mL、1.4 mL、1.6 mL、1.8 mL，加蒸馏水补至 2.0 mL，然后加入 6%苯酚 1.0 mL、浓硫酸 5.0 mL，摇匀冷却，室温放置 20 min 后，于 490 nm 波长条件下测吸光度。横坐标为多糖浓度（mg/mL），纵坐标为吸光度，绘制标准曲线。

(2) 样品含量测定　取沉淀 0.1 g 溶于 10 mL 0.01 mol/L Tris－HCl (pH＝7.2) 的平衡缓冲液中。上样，用缓冲液 A 和缓冲液 B 进行线性洗脱，分步收集。各管用硫酸-苯酚法检测多糖。合并多糖高峰部分，浓缩后透析，冻干，即获得多糖组分。

将多糖组分溶解在小烧杯内，定容至 25 mL 的容量瓶中。吸取 0.2 mL 的样品液，用蒸馏水补至 2.0 mL，然后加入 6%苯酚 1.0 mL 及浓硫酸 5.0 mL，摇匀冷却至室温，放置 20 min以后，于 490 nm 处测定吸光度，通过标准曲线查得多糖含量。

六、结果与分析

$$多糖提取率 = 从标准曲线上查到的多糖浓度 \times \frac{样品定容体积}{海带样品质量} \times 校正系数 \times 100\%$$

七、注意事项

① 检测多糖浓度时制作标准曲线宜用相应的标准多糖，如用葡萄糖制作标准曲线应以校正系数 0.9 校正糖的质量（以微克计）。

② 多糖制品如有颜色，用硫酸-苯酚法检测时会使测定结果偏小。

③ 对杂多糖，分析结果可根据各单糖的组成比及主要组分单糖的标准曲线的校正系数加以校正计算。

④ 测定时根据吸光度值确定取样量。吸光度最好为 0.1～0.3。如果吸光度小于 0.1，可以考虑称取样品时取 0.2 g。如果吸光度大于 0.3，可以减半称取样品，或取 0.1 mL 的样

品液测定即可。

⑤ 影响多糖提取率的因素很多，如浸提温度、时间、加水量以及脱除杂质的方法等都会影响多糖的得率，实验过程中应注意此问题。

八、问题讨论

① 简述多糖提取、分离及鉴定的一般过程。

② 简述多糖提取、分离、纯化及鉴定的原理。

实验五十四　种子蛋白质的系统分析

一、实验目的

① 学习凯氏定氮法的基本原理，掌握种子中蛋白质含量的测定方法。

② 了解氨基酸分析仪的工作原理，学习氨基酸组分的分析方法。

③ 掌握连续累进提取法分离种子中各蛋白质组分的原理和方法。

④ 学习 SDS-聚丙烯酰胺凝胶电泳的基本原理，学会对不同蛋白质的 SDS-聚丙烯酰胺凝胶电泳图谱进行分析比较，研究种子蛋白质的组成和结构。

二、实验原理

对种子中的蛋白质含量和组分进行系统分析，是评价其加工品质和营养价值的重要指标，同时也可为广大育种工作者提供谷物品质筛选的依据。

根据溶解度的不同，可将种子蛋白质分为清蛋白、球蛋白、谷蛋白及醇溶蛋白 4 个组分。各蛋白组分比例在不同作物的种子中具有很大差异，而不同蛋白组分的必需氨基酸含量也不相同，如醇溶蛋白中缺乏 Lys、Trp、Met 及 Ile 等必需氨基酸，其营养价值最低。因此，根据种子各蛋白质组分的比例、必需氨基酸含量、亚基类型等，可以对其蛋白质的品质进行评价。

本实验先通过凯氏定氮法测定谷物种子中蛋白质的含量，再使用氨基酸自动分析仪法分析其氨基酸组分，使用连续累进提取法进行蛋白质组分分析以及 SDS-聚丙烯酰胺凝胶电泳分析蛋白质亚基，全面对种子蛋白质进行系统分析。

凯氏定氮法是国际通用的测定材料中氮含量的基本方法。凯氏定氮法测定蛋白质含量的原理是测定样品中的含氮量，由于蛋白质的含氮量比较恒定，平均约为 16%，因此可以直接换算成蛋白质的含量。种子中的含氮量实际上包括了蛋白氮和非蛋白氮，为避免换算错误，需将两者分离开来。使用三氯乙酸（TCA）溶解种子全粉或脱脂种子全粉中的非蛋白氮化物，同时沉淀样品中的蛋白质，使两者分离。在催化剂的作用下，使用浓硫酸消化分解样品，使蛋白氮转化为氨态氮，并与浓硫酸结合生成硫酸铵。加碱蒸馏，使氨释放出来并被吸收于一定量的硼酸中，再用标准酸滴定，根据此酸的消耗量即可求出样品的氮含量。样品中蛋白质的含量＝蛋白氮含量×6.25。

氨基酸是蛋白质的基本结构单位。构成蛋白质的主要氨基酸共有 20 种，其中 Val、Ile、Leu、Phe、Met、Trp、Thr、Lys 是人体的必需氨基酸，Arg 和 His 是人体的半必需氨基酸，必须由蛋白类食物供给。不同食品的氨基酸组成具有差异，其必需氨基酸的含量是否平衡，对营养品质有很大影响。同时氨基酸组成分析也是蛋白质一级结构分析的重要组成部分。种子蛋白质在110 ℃条件下，经6 mol/L盐酸水解22～24 h，可水解生成各种游离氨基酸组分（其中Trp被破坏，Gln和Asn分别转变成Glu和Asp）。谷物全粉或脱脂粉经处理后，可用氨基酸分析仪测定各种氨基酸的含量。

种子蛋白质中的清蛋白可溶于水，球蛋白可溶于稀盐溶液，醇溶蛋白可溶于乙醇，谷蛋白可溶于稀碱或稀酸溶液。根据4种蛋白质溶解度的不同，利用不同溶剂可从样品中将这4种蛋白质分级分离提取出来。首先用水提取清蛋白，提取后的残渣用稀盐溶液提取球蛋白，后者的残渣再依次分别用乙醇和稀碱溶液提取醇溶蛋白和谷蛋白。提取出的各蛋白组分可再使用凯氏定氮法分别测定其含量，并利用SDS-聚丙烯酰胺凝胶电泳进行各组分分析。

用SDS和还原剂（巯基乙醇或二硫苏糖醇）热处理蛋白质样品，蛋白质分子中的二硫键被还原，解离的亚基与SDS发生1∶1.4的定量结合。SDS使蛋白质亚基带上大量负电荷，掩盖了蛋白质各种亚基间原有的电荷差异。亚基的构象均呈长椭圆棒状，各种蛋白质亚基-SDS复合物表现出相等的电荷密度，在电场中其迁移率仅与亚基相对分子质量有关。因此，SDS-聚丙烯酰胺凝胶电泳可以进行蛋白质亚基分离，并用来测量蛋白质亚基的相对分子质量。

三、实验流程

首先制备谷物种子全粉，利用凯氏定氮法测定谷物粉中蛋白质的含氮量，换算出种子中的蛋白质含量。然后使用氨基酸分析仪测定谷物粉中各种氨基酸的含量，利用不同溶剂（水、稀盐溶液、乙醇、稀碱溶液）分别将清蛋白、球蛋白、醇溶蛋白及谷蛋白4种蛋白质从谷物籽粒中分级分离提取出来，再使用凯氏定氮法分别测定其氮含量，并利用SDS-聚丙烯酰胺凝胶电泳进行各组分分析。

四、实验材料

谷物全粉或脱脂粉、谷物籽粒（风干备用）。

五、主要仪器设备、耗材与试剂

1. 主要仪器设备与耗材　自动凯氏定氮仪、氨基酸自动分析仪、电泳仪、垂直板型电泳槽、台式高速离心机、样品粉碎机、分析天平、脱色摇床、真空泵、振荡机、消化炉、消化管、喷灯、微量注射器、水解试管、玻璃层析柱、具塞三角瓶（100 mL）、漏斗、移液管（0.5 mL、5 mL、10 mL）、三角瓶、容量瓶（25 mL、100 mL）、试管、试管架、烧杯（50 mL）、滤纸、石英砂等。

2. 主要试剂

（1）酸类　浓硫酸、0.05 mol/L标准硫酸、6 mol/L盐酸、3%硼酸、4%硼酸、5%三氯乙酸溶液等。

（2）碱类　10 mol/L氢氧化钠溶液、0.1 mol/L氢氧化钠溶液等。

（3）混合催化剂　硫酸铜∶硫酸钾＝1∶4（质量比）。

(4) 混合指示剂　50 mL 0.1%亚甲蓝乙醇溶液与 200 mL 0.1%甲基红乙醇溶液混合配成，于棕色瓶中保存。

(5) pH 2.2 柠檬酸缓冲液　称取柠檬酸 21 g、氢氧化钠 8.4 g、浓盐酸 16 mL，用蒸馏水溶解后定容至 1 L。

(6) 30%Acr-Bis 存储液　取丙烯酰胺 29.2 g、二甲基双丙烯酰胺 0.8 g，加重蒸水溶解后定容至 100 mL，过滤后装入棕色瓶，4 ℃冰箱保存。

(7) 电极缓冲液　取 Tris 6 g、Gly 28.8 g、SDS 2 g，用去离子水溶解后，用 1 mol/L 盐酸调 pH 至 8.3，用去离子水定容至 2 L。

(8) 分离胶缓冲液（1.5 mol/L Tris，pH 8.7）　称取 Tris 18.17 g，用适量蒸馏水溶解，用 1 mol/L 盐酸调 pH 至 8.7，用蒸馏水定容至 100 mL。

(9) 浓缩胶缓冲液（0.5 mol/L Tris，pH 6.8）　称取 Tris 6.06 g，用适量蒸馏水溶解，用 1 mol/L 盐酸调 pH 至 6.8，用蒸馏水定容至 100 mL。

(10) 10% SDS　称取 SDS 1 g，溶解于 10 mL 蒸馏水中。

(11) 10%过硫酸铵　取 1 g 过硫酸铵，溶解于 10 mL 蒸馏水中，现用现配，冰箱中可保存 1 周。

(12) 样品缓冲液（pH 8.0）　取 Tris 6.05 g、甘油 50 mL、巯基乙醇 25 mL、溴酚蓝 0.5 g、SDS 10 g，用蒸馏水溶解，用 HCl 调 pH 至 8.0，用蒸馏水定容至 500 mL。

(13) 脱色液　甲醇：乙酸：水=5：1：5（体积比）。

(14) 染色液（0.25%考马斯亮蓝 R-250）　取 1.00 g 考马斯亮蓝 R-250 溶解于 400 mL脱色液中，过滤备用。

(15) 标准试剂　标准氨基酸、标准蛋白 marker、70%乙醇溶液、0.5 mol/L NaCl、TEMED（4 ℃保存）等。

六、实验步骤

1. 种子蛋白质含量测定

① 用分析天平称取两份谷物全粉，每份 0.100 0 g，分别加入 2 只 100 mL 具塞三角瓶中。

② 向每只三角瓶中加入 20 mL 5%三氯乙酸溶液，置于振荡机上振荡 1 h，过滤后弃去滤液。取 4 支消化管，分别标记为 1、2、3、4 号。使用 5%三氯乙酸溶液洗涤位于滤纸上的沉淀，洗涤完毕后将沉淀连同滤纸一起分别放入 1、2 号消化管内，同时在 3、4 号消化管内各加 1 张相同大小的滤纸，作为空白对照。

③ 在 1～4 号消化管内各加适量混合催化剂及 5 mL 浓硫酸（小心操作）。将 4 支消化管置于消化炉上，200 ℃消化 0.5 h，然后升温至 400 ℃再消化 0.5 h，直至消化液呈清亮、淡绿色为止。

④ 待消化液冷却后，使用自动定氮仪进行蒸馏、滴定。仪器可自动打印出结果报告，也可根据仪器给出的标准硫酸消耗体积进行计算。

2. 种子蛋白质氨基酸组分分析

① 准确称取谷物全粉或脱脂粉 30 mg，小心置于水解试管底部，加入 6 mol/L 盐酸 8 mL。在超声波水槽中振荡除气后于喷灯上封闭管口，放置于（110±1）℃烘箱中水解

22 h。

② 取出试管，冷却后切开试管，将水解液过滤到 25 mL 容量瓶内，并用去离子水冲洗试管和滤纸，定容至刻度。

③ 取 5 mL 滤液置于蒸发皿中，75 ℃水浴上蒸干。残留物用去离子水 3～5 mL 溶解并蒸干，反复 3 次。

④ 准确加入 5 mL 柠檬酸缓冲液（pH 2.2）溶解提取物。取 1.5 mL 提取液，在高速离心机上离心（10 000 r/min，20 min）。

⑤ 用氨基酸自动分析仪专用注射器吸取上清液 50 μL，转移至样品贮存螺旋管中，上机分析。

3. 种子蛋白质组分分析

（1）制样　将风干过的谷物籽粒用样品粉碎机粉碎，放置于干燥器中备用。

（2）装柱　石英砂进行酸洗，经 540 ℃高温处理后，称取 60 g。在玻璃层析柱底部过滤筛板上铺一层滤纸，将 60 g 石英砂和 2 g 样品装入三角瓶中混匀，每个样品重复 3 次，设空白对照。另称取石英砂 20 g，其中 10 g 置于层析柱底部，将三角瓶中混合物装入层析柱中，再将剩余的 10 g 石英砂加入层析柱上部。装好后用小木棒轻轻敲打，使其填充紧密。

（3）提取　将层析柱内气体排出，加 20 mL 蒸馏水，浸湿样品后按下列步骤进行：

① 提取清蛋白。向层析柱中加入 100 mL 蒸馏水（控制流速为 0.5 mL/min），流出液收集于 100 mL 容量瓶中，直至清蛋白尽可能完全提取。

② 提取球蛋白。向步骤①剩余的残渣中加入 0.5 mol/L NaCl 溶液 100 mL 以提取球蛋白，流出液收集于 100 mL 容量瓶中，直至球蛋白尽可能完全提取。

③ 提取醇溶蛋白。向步骤②剩余的残渣中加入 70%乙醇溶液 100 mL 以提取醇溶蛋白，流出液收集于 100 mL 容量瓶中，直至醇溶蛋白尽可能完全提取。

④ 提取谷蛋白。向步骤③剩余的残渣中加入 0.1 mol/L NaOH 溶液 100 mL 以提取谷蛋白，流出液收集于 100 mL 容量瓶中，直至谷蛋白尽可能完全提取。

（4）提取液中蛋白质含量的测定　将 4 个容量瓶中的提取液均用蒸馏水定容至 100 mL，摇匀后各吸取 10 mL 放入消化管中。向消化管内加入 3 mL 浓硫酸和 2.5 g 混合催化剂。150 ℃加热 0.5 h，蒸干溶剂后，200 ℃继续消化 0.5～1 h，然后 400 ℃消化 0.5 h。消化管自然冷却后，即可使用自动凯氏定氮仪进行含氮量测定，并换算为 4 种蛋白质组分的含量。

（5）样品总蛋白质含量测定　每一样品再称取 0.2 g，重复 3 次，然后按种子蛋白质含量测定中的方法用自动凯氏定氮仪测定氮含量，并换算为样品中总蛋白质的含量。

4. 种子蛋白质亚基分析

（1）安装电泳槽　将配套的两块玻璃板按正确顺序放入硅胶条中，并将其夹在电泳槽中，再按对角线顺序旋紧周围螺丝，注意用力不要过大，以免夹碎玻璃板。安装好电泳槽后，用 1.0%琼脂糖凝胶封底，待其凝固后方可制胶。

（2）配制分离胶　取 50 mL 小烧杯一只，根据分离蛋白的种类选择合适浓度的分离胶，按照表 38 进行配制。将各试剂按顺序加入烧杯后，使用玻璃棒搅匀，注意搅匀动作要轻，避免气泡产生。然后灌入两块玻璃板中间，注意不要产生气泡。加至距离短玻璃板顶端3 cm 处停止，立即再加入蒸馏水，高度约 0.5 cm，以封闭分离胶表面。当凝胶与水封层之间界面清晰可见时，表明分离胶已聚合。

表 38 分离胶和浓缩胶的配制

试 剂	分离胶				浓缩胶
	8%	10%	12%	15%	5%
30% Acr-Bis /mL	2.67	3.3	4.0	5.0	1
分离胶缓冲液/mL	2.5	2.5	2.5	2.5	0
浓缩胶缓冲液/mL	0	0	0	0	1
蒸馏水/mL	4.63	4.0	3.3	2.3	4
10% SDS /mL	0.1	0.1	0.1	0.1	0.08
10% 过硫酸铵溶液/mL	0.1	0.1	0.1	0.1	0.06
TEMED /μL	4	4	4	4	8

（3）配制浓缩胶　待分离胶聚合后，按表 38 配制浓缩胶，另取一只 50 mL 小烧杯，将各试剂按顺序加入，使用玻璃棒快速搅匀，注意搅拌动作要轻，避免气泡产生。倒掉封层蒸馏水，快速将浓缩胶灌满玻璃板胶腔，迅速插入加样梳，等待凝胶聚合。

（4）样品处理　待测样品用样品缓冲液配制成 1 mg/mL 的溶液，在沸水浴中加热 3～4 min，冷却后在台式高速离心机上 10 000 r/min 离心 10 min，取上层液准备点样。

（5）点样　凝胶完全聚合好后，拔掉加样梳，装好电泳装置，在上、下槽中分别加入电极缓冲液，用微量注射器点样，每样品槽点样 8～10 μL，同时在标准蛋白泳道点标准蛋白 marker。

（6）电泳　接通电源，调节电流为每样品孔 1～2 mA 进行电泳，待指示剂进入分离胶后，调节电流至每样品孔 3～4 mA，继续电泳。保持电流不变，当指示染料溴酚蓝到达凝胶前沿 1～2 cm 处时，停止电泳。

（7）剥胶染色　将凝胶从玻璃板上取下，用蒸馏水洗涤凝胶，然后浸入考马斯亮蓝 R-250染色液中 4～5 h。

（8）脱色　除去染色液后，将凝胶取出后用蒸馏水漂洗数次，浸入脱色液中振荡脱色，中途需更换脱色液数次，至背景清晰透明为止，照相或进行凝胶干燥。

七、结果与分析

① 自动凯氏定氮仪可自动打印出结果报告，也可利用仪器给出的标准硫酸消耗体积计算种子中的蛋白质含量。公式如下：

$$蛋白质含量 = \frac{\left(\frac{V_1+V_2}{2}-\frac{V_3+V_4}{2}\right)\times c\times 0.014\times 6.25}{\bar{m}}\times 100\%$$

式中：V_1——1 号消化管消耗的标准硫酸溶液的体积，mL；

V_2——2 号消化管消耗的标准硫酸溶液的体积，mL；

V_3——3 号消化管消耗的标准硫酸溶液的体积，mL；

V_4——4 号消化管消耗的标准硫酸溶液的体积，mL；

c——标准硫酸溶液的浓度，mol/L；

0.014——1 mL 浓度为 c 的标准硫酸溶液相当于氮的质量，g；

6.25——蛋白质系数；

$\bar{m}$——1、2 号样品的平均质量，g。

② 自动氨基酸分析仪采用外标法，根据标准氨基酸校正液的浓度和保留时间确定样品液中相应氨基酸的浓度。主机附带的数据处理机和打印机，可以自动打印出各种氨基酸的浓度，也可根据下式来计算样品中各种氨基酸含量。

$$\text{氨基酸含量} = \frac{S_1 \times n_0}{S_0} \times \frac{D \times M}{m \times 10^6} \times 100\%$$

式中：S_1——样品中氨基酸峰面积；

n_0——上样标准氨基酸的物质的量，μmol；

S_0——标准氨基酸峰面积；

D——样品稀释倍数；

M——氨基酸摩尔质量，g/mol；

m——样品质量，g。

③ 根据蛋白质含量计算公式，分别计算样品种子中总蛋白质含量及清蛋白、球蛋白、谷蛋白、醇溶蛋白各组分的含量，并计算各蛋白组分占总蛋白的比例。

④ 量出染料及各区带迁移距离，按下式计算迁移率 R_f：

$$R_f = \frac{\text{样品迁移距离}}{\text{染料迁移距离}}$$

以标准蛋白 marker 的对数对迁移率作图，得到标准曲线。根据待测样品的迁移率，从标准曲线上查出其相对分子质量的对数，再求出其相对分子质量。

八、注意事项

① 使用浓硫酸消化样品时要注意安全，使用消化炉时注意防止烫伤或损失样品。凯氏定氮仪使用的碱液为 10 mol/L，腐蚀性较强，需注意防护。

② 使用喷灯时要注意安全，防止烫伤。

③ 不同组分的蛋白质尽量提取完全，同时应避免相互污染。

④ 丙烯酰胺、二甲基双丙烯酰胺具有神经毒性，操作时应戴一次性手套。

⑤ 进行 SDS-聚丙烯酰胺凝胶电泳时可以直接选取谷物全粉作全蛋白分析的样品，也可以用提取出来的 4 种蛋白质组分经过浓缩后作为样品。

实验五十五　大米蛋白质的分离及含量测定

一、实验目的

掌握大米蛋白质的组成特点、大米蛋白稀碱法提取分离的原理和步骤，掌握紫外分光光度法测定蛋白质含量的原理和操作。

二、实验原理

大米的两大主要成分是淀粉和蛋白质，其含量分别约为 80%和 8%。大米蛋白质按溶解度不同分为4类：水溶性白蛋白、盐溶性球蛋白、碱溶性的谷蛋白和醇溶蛋白。其中以谷蛋白和球蛋白为主，二者分别占大米蛋白质的80%和12%。

稀碱法提取大米中的蛋白质是利用大米蛋白质的80%是碱溶性谷蛋白的特点，碱液可使大米蛋白质以及与大米蛋白质紧密结合的淀粉结构疏松，同时还破坏蛋白质分子中的一些次级键，特别是氢键，使某些极性基团发生解离，蛋白质溶解度增大，同时促进淀粉与蛋白质的分离而沉淀，离心后的上清液就是大米蛋白质的碱提液；此蛋白质碱提液加入稀酸中和后发生沉淀，经离心得蛋白质沉淀，此沉淀经干燥，制备成大米蛋白质制品。稀碱法分离大米蛋白质具有提取效率高的特点。在分离过程中，碱液质量分数和时间对大米蛋白质的提取率有显著影响，碱法分离大米蛋白质的最佳工艺条件为：碱液质量分数为0.3%，提取时间为4 h，提取温度为20～25 ℃，料液比为1∶6。

大米蛋白质的稀碱提取液可用于蛋白质含量测定。本实验采用紫外吸收法测定大米蛋白质的含量。蛋白质分子结构中具有芳香族氨基酸（如色氨酸、苯丙氨酸和酪氨酸）残基，在280 nm处的紫外光有最大吸收，而且280 nm处的吸光度与蛋白质溶液的浓度成正比，可用于蛋白质的定量测定。

三、实验材料

大米。

四、主要仪器设备、耗材与试剂

1. 主要仪器设备与耗材 磁力搅拌器、紫外分光光度计、试管、吸管等。

2. 主要试剂

① 0.3%的NaOH溶液。

② 标准蛋白质溶液。准确称取牛血清白蛋白，用蒸馏水精确稀释成1 mg/mL。

五、实验步骤

1. 稀碱法分离大米蛋白质 称取3.0 g干燥大米，研磨为粉末，加18 mL 0.3% NaOH溶液研磨匀浆，磁力搅拌，室温提取4 h后，3 000 r/min离心，上清液即为大米蛋白质稀碱提取液，用0.3% NaOH溶液定容至50 mL。

2. 大米蛋白质稀碱提取液的浓度测定

（1）标准曲线的绘制 按表39加入试剂。

表39 蛋白质标准曲线的制作

项 目	管号				
	1	2	3	4	5
标准蛋白质溶液/mL	0	1.0	2.0	3.0	4.0
蒸馏水/mL	4.0	3.0	2.0	1.0	0
蛋白质浓度/(mg/mL)	0	1.0	2.0	3.0	4.0

试剂加完后混匀，在紫外分光光度计上于280 nm处测定其吸光度，作蛋白质浓度-吸光度曲线。

（2）样品测定 取待测大米蛋白质稀碱提取液样品 1.0 mL，加 0.3% NaOH 3.0 mL，混匀，在波长 280 nm 处测吸光度，从标准曲线上查其浓度。

六、结果与分析

$$大米蛋白质含量=\frac{标准曲线上查得的浓度（mg/mL）\times 提取液总体积（mL）}{样品质量（g）\times 1\,000}\times 100\%$$

七、注意事项

① 紫外吸收法可测定 0.1～0.5 mg/mL 的蛋白质溶液，该法迅速、简单，低浓度盐类不干扰测定，因此在蛋白质的生化制备中应用广泛，特别是在柱层析分离中，可利用波长 280 nm 处进行紫外检测来判断蛋白质吸附或洗脱情况。

② 该法适于测定与标准蛋白质氨基酸组成相似的蛋白质含量，对于那些与标准蛋白质中酪氨酸和色氨酸含量差异较大的蛋白质，此法有一定误差。

③ 核酸在 280 nm 处也有吸收，对蛋白质的测定有干扰作用，但核酸的最大吸收峰在 260 nm 处，如果同时测定 260 nm 处的吸光度，通过计算就可以消除其对蛋白质测定的影响。不过不同的蛋白质和核酸的紫外吸收是不相同的，虽然经过计算校正，测定结果还存在着一定的误差。

实验五十六 血清 γ 球蛋白的分离、纯化与分析

一、实验目的

了解蛋白质分离提纯的总体思路，掌握盐析、分子筛层析、离子交换层析等实验的原理及操作技术，掌握醋酸纤维素薄膜电泳法的原理和操作方法。

二、实验原理

血清中含有清蛋白和各种球蛋白（α 球蛋白、β 球蛋白、γ 球蛋白等），由于它们所带电荷不同、亲水性有差异、相对分子质量不同，在高浓度盐溶液中的溶解度不同，通过调节盐浓度可使不同的蛋白质沉淀，从而达到初步分离的目的。在半饱和硫酸铵溶液中，清蛋白不沉淀，球蛋白沉淀，离心后清蛋白主要在上清液中，球蛋白在沉淀中。本实验应用不同浓度硫酸铵分段盐析法达到初步分离清蛋白、球蛋白的目的。

盐析后，沉淀中的球蛋白含有高浓度的中性盐，会妨碍蛋白质的进一步纯化，需要有脱盐过程来去除蛋白质残留的中性盐，常用的方法有透析法、凝胶过滤法、超滤法等。本实验采用凝胶过滤法，该方法是利用蛋白质与无机盐类之间相对分子质量的差异除去粗制品中的盐类。当溶液通过凝胶柱时，溶液中分子质量较大的蛋白质因为不能通过网孔进入凝胶颗粒，沿着凝胶颗粒间的间隙流动，所以流程较短，向前移动速度较快，最先流出层析柱，而盐的分子质量较小，可通过网孔进入凝胶颗粒，所以流程长，向前移动速度较慢，较晚流出层析柱，从而可达到去盐的目的，获得脱盐的球蛋白溶液。

脱盐后的球蛋白溶液经离子交换层析柱进一步纯化。脱盐后的蛋白质溶液再经 DEAE

纤维素层析柱进一步纯化。DEAE 纤维素为阴离子交换剂，在 pH 6.5 的条件下带有正电荷，能吸附带负电荷的 α_1 球蛋白、α_2 球蛋白和 β 球蛋白（pI 分别为 4.9、5.06 和 5.12），而 γ 球蛋白（pI=7.3）在此条件下带正电荷，不被吸附，故直接从层析柱流出，此时收集的流出液即为纯化的 γ 球蛋白。

γ 球蛋白分离纯化后，选用醋酸纤维素薄膜电泳法鉴定其纯度。蛋白质是两性电解质，在同一 pH 环境下，混合蛋白质中的各种成分带电量不同，分子大小不同，在同一电场中泳动的速度不同，导致相同的时间内其迁移的距离不同，因而把它们分开。血清中含有多种蛋白质，用醋酸纤维素薄膜电泳可分为 5 个区带，γ 球蛋白的等电点为 7.3，在 pH 8.6 的巴比妥缓冲液中，带的负电荷最少，因此在电场中比其他蛋白质移动速度慢。而清蛋白、α_1 球蛋白、α_2 球蛋白及 β 球蛋白的等电点均小于 7.3（pI 分别为 4.9、5.06、5.06 和 5.12），以上蛋白在 pH 8.6 的巴比妥缓冲液中所带净电荷均大于 γ 球蛋白，因此在电场中比 γ 球蛋白移动速度快。本实验以全血清蛋白质为对照，鉴定 γ 球蛋白的提纯结果。

三、实验流程

应用硫酸铵盐析法初步分离 γ 球蛋白；采用凝胶过滤法脱盐，利用蛋白质与无机盐类之间相对分子质量的差异除去粗制品中的盐类。脱盐后的球蛋白溶液再经 DEAE 纤维素层析柱进一步纯化。γ 球蛋白分离纯化后，选用醋酸纤维素薄膜电泳法鉴定其纯度。

四、实验材料

新鲜血清。

五、主要仪器设备、耗材与试剂

1. 主要仪器设备与耗材　离心机、刻度离心管、pH 试纸、抽滤瓶、黑反应板、白反应板、透析袋、铁架台、层析柱（1.5 cm×20 cm）、移液枪、布氏漏斗、培养皿、电泳仪、电泳槽、醋酸纤维素薄膜、滤纸、点样器、吸量管、镊子、吹风机、DEAE 纤维素等。

2. 主要试剂

（1）饱和硫酸铵溶液　称取固体硫酸铵 850 g 加入 1 000 mL 蒸馏水中，在 70～80 ℃条件下搅拌促溶，室温下放置过夜，瓶底析出白色结晶，上清液即为饱和硫酸铵溶液。

（2）0.3 mol/L pH 6.5 乙酸铵缓冲液　称取乙酸铵 23.12 g，加蒸馏水 800 mL，用稀氨水或稀乙酸调 pH 至 6.5，用蒸馏水定容至 1 000 mL（不得加热）。

（3）0.02 mol/L pH 6.5 乙酸铵缓冲液　取以上配制的 0.3 mol/L pH 6.5 的乙酸铵缓冲液，用蒸馏水稀释 15 倍。

上述缓冲液（2）～（3）要确保浓度和 pH 的准确性，稀释后要重调 pH。

（4）巴比妥-巴比妥钠缓冲液（pH 8.6，离子强度 0.06）　称取巴比妥钠 12.76 g、巴比妥 1.66 g，用蒸馏水溶解并定容至 1 000 mL。

（5）染色液　称取氨基黑 10B 0.25 g，用甲醇 50 mL、冰乙酸 10 mL、水 40 mL 溶解。

（6）漂洗液　甲醇或乙醇 45 mL、冰乙酸 5 mL、水 50 mL，混匀。

（7）其他试剂　300 g/L 三氯乙酸、Sephade G－25、DEAE 纤维素、聚乙二醇（相对分子质量为 8 000）、双缩脲试剂等。

六、实验步骤

1. 硫酸铵盐析

① 取刻度离心管 1 支，加入 1.0 mL 新鲜血清，边摇边缓慢滴入饱和硫酸铵溶液 1.0 mL。混匀后室温下放置 10 min，4 000 r/min 离心 10 min。用滴管小心吸出上清液置于试管中，即为粗清蛋白液。

② 离心管底部的沉淀中加入 0.8 mL 蒸馏水，振荡溶解，即为粗球蛋白液，备用，进行纯化。

2. 凝胶柱层析脱盐

（1）凝胶的处理　量取 30 g Sephade G－25，加入 2 倍量的 0.02 mol/L pH 6.5 乙酸铵缓冲液，置于沸水浴中 1 h，经常摇动使气泡逸出。取出冷却，待凝胶下沉后，倾去含有细微悬浮物的上层液。

（2）装柱平衡　选用 1.5 cm×20 cm 层析柱，垂直夹于铁架台上。向柱内加入少量 0.02 mol/L pH 6.5乙酸铵缓冲液，将上述处理过的凝胶粒悬液连续注入层析柱内，直至所需凝胶床高度距层析柱上口 3～4 cm 为止。装柱时应注意凝胶粒装填均匀，凝胶床内不得有界面和气泡，凝胶床面应平整。打开下口夹，调节柱下端螺旋夹流速 2 mL/min，用 2 倍柱床体积的乙酸铵缓冲液平衡。关闭下口夹。

（3）上样与洗脱　打开下口夹，使床面上的缓冲液流出，待液面降到与凝胶床表面相切时，用移液管吸取盐析所得粗球蛋白液，沿管内壁轻轻转动加进样品，切勿搅动床面。打开下口夹，使样品进入床内，直到与床面平齐为止。立即用 1 mL 0.02 mol/L pH 6.5 乙酸铵缓冲液冲洗柱内壁，待缓冲液进入凝胶床后再加少量缓冲液。如此重复 2 次，以洗净内壁上残留的样品溶液。再加入适量缓冲液于凝胶床上，调流速 10 滴/min，开始洗脱。用小试管收集流出的液体，每管收集 20 滴，收集至滴管中无蛋白质为止。

（4）检测蛋白质　按洗脱液的顺序每管取 1 滴，分别滴入比色管中，再滴加 300 g/L 三氯乙酸溶液（或用双缩脲试剂检测）2 滴，出现白色混浊或沉淀即表示有蛋白质析出，记录各管白色混浊程度，合并含有蛋白质的各管，即为已脱盐的蛋白溶液。

3. 离子交换层析柱纯化

（1）DEAE 纤维素处理　量取 DEAE 纤维素 20 mL，加 0.5 mol/L HCl 溶液 50 mL，搅拌后放置 20 min，虹吸去除上清液（也可用布氏漏斗抽干），再用蒸馏水反复洗数次，直至 pH 4.0 为止。加等体积 0.5 mol/L NaOH 溶液，搅拌后放置 20 min，虹吸去除上清液，用蒸馏水反复洗至中性。然后转移到烧杯内，加 0.02 mol/L pH 6.5 乙酸铵缓冲液 40 mL，放置 30 min。待装柱。

（2）装柱与洗脱　取层析柱 1.5 cm×20 cm 1 支，按以上装柱方法将处理好的 DEAE 纤维素装入柱中，然后用 0.02 mol/L pH 6.5 乙酸铵缓冲液平衡。调流速 20 滴/min，将脱盐后的 γ 球蛋白溶液上柱，用 300 g/L 三氯乙酸溶液或双缩脲试剂检查有无蛋白质流出。收集不被纤维素吸附的蛋白质，即为纯化的 γ 球蛋白溶液。

4. 蛋白质溶液浓缩　将待浓缩的蛋白质溶液放入质地较细的透析袋中，置入培养皿内。透析袋周围撒上聚乙二醇（相对分子质量 8 000）。经过 2～3 h 后即可观察到明显的浓缩现象，收集该浓缩样品留作纯度鉴定。

5. 醋酸纤维素薄膜电泳鉴定γ球蛋白

① 取醋酸纤维素薄膜 2 张，在薄膜的粗糙面距边缘 1.5 cm 处用铅笔轻轻画一条线。

② 将薄膜浸入 pH 8.6 的巴比妥-巴比妥钠缓冲液中，浸泡约 30 min（膜上没有白色斑痕）。

③ 将完全浸透的薄膜轻轻取出，平铺在滤纸上，用滤纸吸去多余的缓冲液。分别用点样器蘸取正常血清、γ球蛋白溶液点在点样线上（粗糙面）。

④ 薄膜的粗糙面向下，两端紧贴在电泳槽支架上的滤纸条上（点样端在阴极）。薄膜应与支架垂直放置，平直无弯曲，加上槽盖平衡 5 min 后通电进行电泳，调电流每厘米膜宽 0.5 mA（几条薄膜就是通几毫安的电流），通电时间 40～60 min。

⑤ 电泳结束后，关闭电源，将薄膜浸于氨基黑 10B 染色液中染色 5 min，取出后用漂洗液漂洗 4～5 次，每次约 5 min，待背景无色为止。

七、结果与分析

根据脱色后薄膜上出现的斑点，对γ球蛋白与正常血清进行比较，分析样品的纯度。

八、注意事项

① 装柱时，不能有气泡和分层现象，凝胶悬液尽量一次加完。

② 加样时，切莫将床面冲起。不能搅动床面，否则分离带不整齐。

③ 流速不可太快，否则小分子物质来不及扩散，会随大分子物质一起被洗脱下来，达不到分离目的。

④ 在整个洗脱过程中，始终应保持层析柱床面上有一段有蒸馏水，不得使凝胶干结。

⑤ 点样器蘸取正常血清、γ球蛋白溶液点在点样线上（粗糙面）。

⑥ 薄膜的粗糙面向下，两端紧贴在电泳槽支架上的滤纸条上（点样端在负极）。

实验五十七　探讨不同因素对植物抗氧化酶活性的影响

一、实验目的

掌握抗氧化酶活性测定的方法，学习聚丙烯酰胺凝胶电泳的原理和方法。

二、实验原理

在逆境条件下，植物体内活性氧代谢加强而使 H_2O_2 发生积累。H_2O_2 可以直接或间接地氧化细胞内核酸、蛋白质等生物大分子，并使细胞膜遭受损害。抗氧化酶系统是细胞中清除活性氧的重要组分，因此是细胞抵抗逆境的重要机制。其中过氧化氢酶、过氧化物酶均可催化 H_2O_2 分解产生 H_2O 和 O_2，从而消除其对细胞的影响。

不同的环境因素对植物生长有不同影响。其中抗氧化酶系统是植物抵抗逆境、进行自身保护的重要机制。本实验的主要内容是以不同生长条件下的小麦幼苗作为实验材料，通过对抗氧化酶包括过氧化氢酶、过氧化物酶活性测定以及聚丙烯酰胺凝胶电泳分离过氧化物酶的同工酶，探究环境条件对植物体内抗氧化酶活性的影响。

过氧化氢酶活性的测定原理：H_2O_2 在 240 nm 波长下有强吸收，过氧化氢酶能把 H_2O_2 分解为水和氧气，使反应溶液吸光度（A_{240}）随反应时间而降低。根据反应溶液吸光度的变化速度即可测出过氧化氢酶的活性。

过氧化物酶活性的测定原理：在 H_2O_2 存在的条件下，过氧化物酶能使愈创木酚氧化，生成的产物在 470 nm 处有最大吸收峰，因此可根据吸光度的变化测定过氧化物酶的活性。

三、实验流程

以不同处理的小麦幼苗作为材料，提取酶液，进行酶活性测定及聚丙烯酰胺凝胶电泳。

四、实验材料

在光下和黑暗中水培培养 2 周的小麦幼苗，光下水培培养的小麦幼苗在 4 ℃条件下处理 4 h。

五、主要仪器设备、耗材与试剂

1. 主要仪器设备与耗材 分光光度计、恒温水浴锅、离心机、电泳仪、花篮式电泳槽、微量进样器、电泳玻璃管、研钵、容量瓶、刻度吸管、试管等。

2. 主要试剂

（1）1 号液 1 mol/L HCl 24 mL，加 Tris 18.2 g，再加四甲基乙烯二胺 0.23 mL，用蒸馏水稀释至 100 mL，pH 为 8.9。

（2）2 号液 30 g 丙烯酰胺溶于 50 mL 蒸馏水中，再加 0.8 g Bis，待溶解后，用蒸馏水稀释至 100 mL。

（3）3 号液 1 g 过硫酸铵溶于 10 mL 蒸馏水中（当天配制）。

（4）4 号液 1 mol/L 磷酸 25.5 mL，加 Tris 5.7 g，再加四甲基乙烯二胺 0.46 mL，用蒸馏水稀释至 100 mL。

（5）5 号液 丙烯酰胺 10 g 溶于 50 mL 蒸馏水中，再加 2.5 g Bis，待溶解后，用蒸馏水稀释至 100 mL。

（6）染色液 联苯胺 0.2 g 溶于 1.8 mL 热的冰乙酸中，加蒸馏水 7.2 mL，再加 0.5 mL 30% H_2O_2 及 189 mL 水，混匀。

（7）蔗糖溶液 50 g 蔗糖溶于 100 mL 蒸馏水中。

（8）电极缓冲液 称取 0.6 g 三羧甲基氨基甲烷和 2.9 g 甘氨酸，同溶于1 000 mL蒸馏水中，pH=8.3。

（9）0.1%溴酚蓝 称 50 mg 溴酚蓝，溶于 50 mL 蒸馏水中（先用乙醇溶解，再加水）。

（10）其他试剂 0.1 mol/L H_2O_2、0.2 mol/L pH 7.8 磷酸缓冲液（内含 1%聚乙烯吡咯烷酮）、0.05 mol/L pH 5.5 磷酸缓冲液、0.05 mol/L 愈创木酚溶液、20%三氯乙酸等。

六、实验步骤

1. 酶液提取 以光照水培小麦作为对照，以黑暗培养和低温处理小麦幼苗作为处理，进行对比研究。处理 1 为光下培养 2 周小麦幼苗，处理 2 为黑暗培养 2 周小麦幼苗，处理 3 为低温处理 4 h 小麦幼苗。取小麦幼苗地上部分 1 g，置研钵中，加 2 mL 蒸馏水，研磨至匀浆。转入 100 mL 容量瓶中，用蒸馏水定容至刻度。振荡片刻，在 4 ℃静置 10 min，取上清液 4 000 r/min 离心 10 min，上清液即为酶液。

2. 过氧化氢酶活性测定 取 4 支 10 mL 试管，按表 40 加入各试剂。

表 40 过氧化氢酶活性测定所用试剂、用量及顺序

管号	酶液/mL	煮沸酶液/mL	蒸馏水/mL	pH 7.8 磷酸缓冲液/mL	保温时间	0.1 mol/L H_2O_2/mL
对照	0	0.2	1.0	1.5	25 ℃保温 5 min	0.3
处理 1	0.2	0	1.0	1.5		0.3
处理 2	0.2	0	1.0	1.5		0.3
处理 3	0.2	0	1.0	1.5		0.3

25 ℃预热后，逐管加入 0.3 mL 0.1 mol/L 的 H_2O_2，每加完 1 管，立即计时，并迅速倒入石英比色杯中，在 240 nm 下测定吸光度，每隔 1 min 读数 1 次，共测 4 min，待所有试管测完后，进行计算。以对照管调零。

结果计算：根据吸光度，以 1 min 内 A_{240} 减少 0.1 的酶量为 1 个酶活单位。

$$过氧化氢酶活性\ [U/(g \cdot min)] = \frac{\Delta A_{240} \times V_1}{0.1 \times V_2 \times t \times m}$$

式中：ΔA_{240}——反应时间内吸光度的变化；

V_1——酶液总提取体积，mL；

V_2——测定用酶液体积，mL；

m——样品质量，g；

t——加 H_2O_2 到最后一次读数的时间，min。

3. 过氧化物酶活性测定 取 4 支 10 mL 试管，编号，按表 41 加入各试剂。反应体系加入酶液后，立即于 34 ℃水浴保温，每加完 1 管，立即计时，并迅速倒入石英比色杯中，在470 nm波长下测定吸光度，每隔 1 min 读数 1 次，待所有试管测完后，进行计算。以对照管调零。

表 41 过氧化物酶活性测定所用试剂、用量及顺序

管号	pH 5.5 磷酸缓冲液/mL	2% H_2O_2	0.05 mol/L 愈创木酚/mL	酶液/mL	H_2O/mL
对照	2.9	1.0	1.0	0	0.1
处理 1	2.9	1.0	1.0	0.1	0
处理 2	2.9	1.0	1.0	0.1	0
处理 3	2.9	1.0	1.0	0.1	0

结果计算：根据吸光度，以 1 min 内 A_{470} 减少 0.01 的酶量为 1 个酶活单位。

$$过氧化物酶活性\ [U/\ (g \cdot min)] = \frac{\Delta A_{470} \times V_T}{m \times V_S \times t \times 0.01}$$

式中：ΔA_{470}——反应时间内吸光度的变化；

V_T——酶液总提取体积，mL；

V_S——测定用酶液体积，mL；

m——样品质量，g；

t——反应时间，min。

4. 聚丙烯酰胺凝胶电泳分离过氧化物酶同工酶

（1）分离胶的制备　按照说明书进行电泳槽安装。安装好后进行分离胶的制备。取 1 号液 7.5 mL、2 号液 7.5 mL、蒸馏水 14.75 mL、3 号液 0.3 mL，充分混合，即分离胶。先用小滴管将分离胶沿玻璃管壁灌入 12 支玻璃管中，避免产生气泡。灌入的高度为 6.5 cm。再用滴管在分离胶表面加蒸馏水 1～2 cm 高度。静置 30 min，使分离胶充分聚合（胶面和水面出现明显分界线）。倒掉分离胶表面的水分，用滤纸条吸去残留水分。

（2）浓缩胶的制备　取 4 号液 1 mL、5 号液 2 mL、蒸馏水 15.1 mL、3 号液 0.1 mL，充分混合，即为浓缩胶。用小滴管将浓缩胶沿玻璃管壁缓慢加到分离胶表面，高度为 1 cm，避免产生气泡。用滴管在浓缩胶表面加蒸馏水至玻璃管顶部。静置 30 min，待浓缩胶呈乳白色，与水层间出现明显分界线，表明浓缩胶已充分聚合。

（3）加入电极缓冲液　取下玻璃管下部的塑胶盖，往电泳槽下槽注入电极缓冲液约 500 mL，使缓冲液能够同时浸没下槽电极和玻璃管下端。再在电泳槽上槽加入电极缓冲液约 500 mL，使其能够浸没所有玻璃管约 1 cm。排出玻璃管中的气泡。

（4）样品制备及上样　取小麦幼苗地上部分 0.5 g，剪碎，放入研钵中，加蒸馏水 1 mL、50%蔗糖 2 mL，在冰上研磨至匀浆，3 500 r/min 冷冻离心 10 min，上清液即为酶液。

用微量进样器每玻璃管加入酶液 50 μL。正常、黑暗及低温处理 3 个样品，每个样品加 4 个玻璃管，共 12 支。

（5）电泳　在上槽缓冲液中加入 2 滴 0.1%溴酚蓝溶液。盖上上槽的盖子，使上槽电极浸没在缓冲液中。插上电极，负极在上，正极在下，接通电源，调节电流。刚开始时每管用电流 1 mA，若 12 管，则电流调为 12 mA。当溴酚蓝指示剂到达分离胶时，加大电流为每管 2 mA，若 12 管，则电流调为 24 mA。电泳 2～3 h 后，溴酚蓝蓝色指示线距玻璃管下端 1～2 cm时，停止电泳。取下玻璃管（注意不同样品间分开标记），用长针头注射器向玻璃管中凝胶与玻璃管壁之间注水，使凝胶条完整地从玻璃管中脱出。

（6）过氧化物酶同工酶定位　取出的凝胶条放入盛有染色液的大培养皿中，染色 1～5 min，待同工酶谱带清晰显现后即可停止染色。用蒸馏水冲洗凝胶条以除去染色液，终止染色，同时谱带颜色由蓝色逐渐变为棕色。此时即可拍照，并统计不同处理样品呈现的酶谱条数、宽度及颜色深度的差异，计算 R_f 值。

七、结果与分析

① 比较分析黑暗和低温逆境对植物过氧化氢酶和过氧化物酶活性的影响。

② 分析在逆境条件下过氧化物酶同工酶种类、含量及活性的变化。

八、注意事项

① 3 号液过硫酸铵为凝胶催化剂，加入后会加速凝胶凝聚，需要将其他药品加好后再加 3 号液，加入后立即进行灌胶。

② 向玻璃管中灌入分离胶时，如果产生气泡，可用长针头搅拌排除。

③ 灌胶过后加入蒸馏水时，要沿管壁缓缓流下，以免与分离胶或浓缩胶混合。

实验五十八　果蔬维生素C的提取及体外抗氧化作用研究

一、实验目的

学习维生素C的性质及生理作用，掌握2，6-二氯酚靛酚法测定维生素C含量的原理和操作方法，学习维生素C体外抗氧化作用的能力测定，比较、分析不同水果和蔬菜的抗氧化能力。

二、实验原理

维生素C又称抗坏血酸，是一种水溶性维生素，具有很强的还原性，因此具有较强的抗氧化能力。本实验利用它所具有的还原性质，使其与2，6-二氯酚靛酚作用，来测定其含量。氧化型2，6-二氯酚靛酚在中性或碱性溶液中呈蓝色，在酸性溶液中呈红色；当其被还原剂还原后，则呈无色。根据上述性质，用2，6-二氯酚靛酚在酸性环境中滴定含有维生素C的样品溶液，开始时，样品液中的维生素C立即将滴入的2，6-二氯酚靛酚还原成无色，当溶液中的维生素C全部氧化时，再滴入的2，6-二氯酚靛酚不再被还原脱色，溶液立即呈现微红色，此即滴定终点。如无其他杂质干扰，样品提取液所还原的标准染料量与样品中所含还原性维生素C量成正比。

水果、蔬菜都具有一定的抗氧化能力，目前常用的体外抗氧化的测定方法有总氧自由基清除能力法、ABIS（2，2-联氮-双-3-乙基苯并噻唑啉-6-磺酸）自由基清除能力法、DPPH（1，1-二苯基-2-三硝基苯肼）自由基清除能力法、羟自由基清除能力法、超氧自由基清除能力法和脂质过氧化法等。本实验通过DPPH自由基清除能力法分析不同果蔬内维生素C在体外的抗氧化能力。

三、实验流程

采用2，6-二氯酚靛酚法测定不同果蔬中的维生素C含量，然后通过DPPH自由基消除能力法分析这些果蔬中维生素C在体外的抗氧化能力。

四、实验材料

新鲜的水果和蔬菜各2种。

五、主要仪器设备、耗材与试剂

1. 主要仪器设备与耗材　研钵、滴定管、容量瓶、移液管、锥形瓶、漏斗、可见分光光度计、电子精密天平、恒温水浴锅、恒温鼓风干燥箱等。

2. 主要试剂

（1）1%草酸溶液　草酸1 g溶于蒸馏水中并定容至100 mL。

（2）2%草酸溶液　草酸2 g溶于蒸馏水中并定容至100 mL。

（3）标准维生素C溶液（0.1 mg/mL）　精确称量20 mg纯维生素C（应为纯白色，如变为黄色则不能用），用1%草酸溶液溶解并定容至200 mL。该溶液应贮存于棕色瓶中，最好临用前配制。

（4）0.1% 2，6-二氯酚靛酚钠溶液　称取 50 mg 2，6-二氯酚靛酚，溶于约 200 mL 含 52 mg 的碳酸氢钠的热水中，冷却后用蒸馏水稀释至 500 mL，滤去不溶物，贮存于棕色瓶中，4 ℃冰箱中冷藏（可稳定 1 周左右）。临用前，以标准维生素 C 溶液进行标定。

（5）其他试剂　无水乙醇溶液、1%乙酸、0.01 mol/L DPPH 溶液等。

六、实验步骤

1. 不同果蔬内维生素 C 含量的测定

（1）维生素 C 的提取　准确称取洗净的新鲜果蔬样品 4 g 于研钵中，加入 2%草酸溶液少许，充分研磨成匀浆，通过小漏斗将匀浆转移入 500 mL 容量瓶中，残渣再用 2%草酸溶液提取 2～3 次，提取液及残渣一并转入容量瓶中，最后用 2%草酸溶液定容，充分摇匀，过滤。滤液备用（或 4 000 r/min 离心 5 min，留上清液）。

（2）标准溶液的滴定　准确称取 1 mL 标准维生素 C 溶液于 50 mL 锥形瓶中，加入 1%乙酸溶液 9 mL，同时吸入 10 mL 1%乙酸溶液于另一 50 mL 锥形瓶中作空白对照。以 2，6-二氯酚靛酚钠溶液进行滴定至溶液呈微红色，15 s 不褪色为终点，记录所用染料溶液的体积，计算 1 mL 染料溶液所能氧化维生素 C 的量。

（3）样品测定　准确吸取样品提取液两份，每份 10 mL，分别放入 50 mL 锥形瓶中。立即用 2，6-二氯酚靛酚钠溶液滴定，当溶液呈微红色且持续 15s 不褪色时，即为滴定终点。

（4）空白滴定　准确吸取 2%草酸溶液两份，每份 10 mL，分别放入 50 mL 锥形瓶中，立即用 2，6-二氯酚靛酚钠溶液滴定，当溶液呈微红色且持续 15 s 不褪色，即为滴定终点。

注意，样品中含维生素 C 浓度太高或太低时，需要酌量增减样液，保证滴定所用染料体积在 1～4 mL，且在2 min内完成滴定。

2. 不同果蔬内维生素 C 体外抗氧化能力的测定　用步骤 1 中获得的不同果蔬的维生素 C 提取液计算维生素 C 含量，然后取等质量的维生素 C 提取液与 0.01 mmol/L DPPH 溶液混匀，用无水乙醇代替维生素 C 提取液作为空白对照，室温下反应 30 min，然后在 517 nm 波长处测定其吸光度。

七、结果与分析

1. 不同果蔬内维生素 C 含量的计算　取两份样品滴定所消耗染料体积的平均值代入下式，计算 100 g 样品中维生素 C 的含量：

$$100\text{ g 样品中维生素 C 的含量（mg）}=\frac{(V_1-V_2)\times V\times K}{V_3\times m}\times 100$$

式中：V_1——滴定样品所消耗染料溶液的平均体积，mL；

V_2——滴定空白对照所消耗染料溶液的平均体积，mL；

V——样品液的总体积，mL；

V_3——滴定时所用的样品提取液的体积，mL；

K——1 mL 染料溶液所能氧化维生素 C 的质量，mg；

m——待测样品的质量，g。

2. 不同果蔬内维生素C体外抗氧化能力的计算

$$清除率=\left(1-\frac{A}{A_0}\right)\times 100\%$$

式中：A——样品溶液的吸光度；

A_0——用无水乙醇代替样品溶液作为空白对照的吸光度。

八、注意事项

① 该法只能用于测定还原型维生素C的含量，不能测出具有同样生理功能的氧化型维生素C和结合型维生素C含量。

② 用2%草酸配制提取液可有效地抑制维生素C氧化酶的活性，以免维生素C变为氧化型而无法滴定，而1%的草酸无此作用。

③ 如果样品中含有较多亚铁离子（Fe^{2+}）使染料还原而影响测定，可用8%乙酸代替草酸制备样品提取液，这样Fe^{2+}不会很快与染料起作用。

④ 滴定过程要迅速，一般不超过2 min。因为一些具有还原作用的非维生素C物质的还原作用较为迟缓，快速滴定可减少或避免它们的影响。样品滴定消耗染料的体积以1～4 mL为宜，若超出此范围，应增加或减少样品提取液的用量，或再进行稀释处理等。

⑤ 样品提取制备和滴定过程中要避免阳光照射，并避免与金属铜、铁接触，以免破坏维生素C。

⑥ 当样品液本身带有颜色干扰滴定终点判断时，可在提取液中加入2～3 mL二氯乙烷，在滴定过程中，当二氯乙烷有机溶剂层由无色变为淡红色时即为滴定终点。

附录1　常用缓冲溶液的配制

1. 甘氨酸-盐酸缓冲液（0.05 mol/L）

X mL 0.2 mol/L 甘氨酸＋Y mL 0.2 mol/L HCl，再加水稀释至 200 mL。

pH	X/mL	Y/mL	pH	X/mL	Y/mL
2.2	50	44.0	3.0	50	11.4
2.4	50	32.4	3.2	50	8.2
2.6	50	24.2	3.4	50	6.4
2.8	50	16.8	3.6	50	5.0

注：甘氨酸相对分子质量＝75.07，0.2 mol/L 甘氨酸溶液为 15.01 g/L。

2. 邻苯二甲酸氢钾-盐酸缓冲液（0.05 mol/L）

X mL 0.2 mol/L 邻苯二甲酸氢钾＋0.2 mol/L HCl，再加水稀释到 20 mL。

pH（20 ℃）	X/mL	Y/mL	pH（20 ℃）	X/mL	Y/mL
2.2	5	4.670	3.2	5	1.470
2.4	5	3.960	3.4	5	0.990
2.6	5	3.295	3.6	5	0.597
2.8	5	2.642	3.8	5	0.263
3.0	5	2.022			

注：邻苯二甲酸氢钾相对分子质量＝204.23，0.2 mol/L 邻苯二甲酸氢溶液为 40.85 g/L。

3. 磷酸氢二钠-柠檬酸缓冲液

pH	0.2 mol/L Na_2HPO_4/mL	0.1 mol/L 柠檬酸/mL	pH	0.2 mol/L Na_2HPO_4/mL	0.1 mol/L 柠檬酸/mL
2.2	0.40	19.60	5.2	10.72	9.28
2.4	1.24	18.76	5.4	11.15	8.85
2.6	2.18	17.82	5.6	11.60	8.40
2.8	3.17	16.83	5.8	12.09	7.91
3.0	4.11	15.89	6.0	12.63	7.37
3.2	4.94	15.06	6.2	13.22	6.78
3.4	5.70	14.30	6.4	13.85	6.15
3.6	6.44	13.56	6.6	14.55	5.45
3.8	7.10	12.90	6.8	15.45	4.55
4.0	7.71	12.29	7.0	16.47	3.53
4.2	8.28	11.72	7.2	17.39	2.61
4.4	8.82	11.18	7.4	18.17	1.83
4.6	9.35	10.65	7.6	18.73	1.27
4.8	9.86	10.14	7.8	19.15	0.85
5.0	10.30	9.70	8.0	19.45	0.55

注：Na_2HPO_4 相对分子质量=141.98，0.2 mol/L 溶液为 28.40 g/L。$Na_2HPO_4 \cdot 2H_2O$ 相对分子质量=178.05，0.2 mol/L溶液为 35.61 g/L。$C_4H_2O_7 \cdot H_2O$ 相对分子质量=210.14，0.1 mol/L 溶液为 21.01 g/L。

4. 柠檬酸-氢氧化钠-盐酸缓冲液

pH	钠离子浓度/（mol/L）	柠檬酸/g	97%氢氧化钠/g	浓盐酸/mL	最终体积/L
2.2	0.20	210	84	160	10
3.1	0.20	210	83	116	10
3.3	0.20	210	83	106	10
4.3	0.20	210	83	45	10
5.3	0.35	245	144	68	10
5.8	0.45	285	186	105	10
6.5	0.38	266	156	126	10

注：使用时可以每升中加入 1 g 酚，若最后 pH 有变化，再用少量 50%氢氧化钠溶液或浓盐酸调节，冰箱保存。

5. 柠檬酸-柠檬酸钠缓冲液（0.1 mol/L）

pH	0.1 mol/L 柠檬酸/mL	0.1 mol/L 柠檬酸钠/mL	pH	0.1 mol/L 柠檬酸/mL	0.1 mol/L 柠檬酸钠/mL
3.0	18.6	1.4	5.0	8.2	11.8
3.2	17.2	2.8	5.2	7.3	12.7
3.4	16.0	4.0	5.4	6.4	13.6
3.6	14.9	5.1	5.6	5.5	14.5
3.8	14.0	6.0	5.8	4.7	15.3
4.0	13.1	6.9	6.0	3.8	16.2
4.2	12.3	7.7	6.2	2.8	17.2
4.4	11.4	8.6	6.4	2.0	18.0
4.6	10.3	9.7	6.6	1.4	18.6
4.8	9.2	10.8			

注：柠檬酸 $C_6H_8O_7 \cdot H_2O$ 相对分子质量=210.14，0.1 mol/L 溶液为 21.01 g/L。柠檬酸钠 $Na_3C_6H_5O_7 \cdot 2H_2O$ 相对分子质量=294.12，0.1 mol/L 溶液为 29.41 g/mL。

6. 乙酸-乙酸钠缓冲液（0.2 mol/L）

pH（18 ℃）	0.2 mol/L NaAc/mL	0.3 mol/L HAc/mL	pH（18 ℃）	0.2 mol/L NaAc/mL	0.3 mol/L HAc/mL
2.6	0.75	9.25	4.8	5.90	4.10
3.8	1.20	8.80	5.0	7.00	3.00
4.0	1.80	8.20	5.2	7.90	2.10
4.2	2.65	7.35	5.4	8.60	1.40
4.4	3.70	6.30	5.6	9.10	0.90
4.6	4.90	5.10	5.8	9.40	0.60

注：$NaAc \cdot 3H_2O$ 相对分子质量=136.09，0.2 mol/L 溶液为 27.22 g/L。

7. 磷酸盐缓冲液

(1) 磷酸氢二钠-磷酸二氢钠缓冲液(0.2 mol/L)

pH	0.2 mol/L Na_2HPO_4/mL	0.3 mol/L NaH_2PO_4/mL	pH	0.2 mol/L Na_2HPO_4/mL	0.3 mol/L NaH_2PO_4/mL
5.8	8.0	92.0	7.0	61.0	39.0
5.9	10.0	90.0	7.1	67.0	33.0
6.0	12.3	87.7	7.2	72.0	28.0
6.1	15.0	85.0	7.3	77.0	23.0
6.2	18.5	81.5	7.4	81.0	19.0
6.3	22.5	77.5	7.5	84.0	16.0
6.4	26.5	73.5	7.6	87.0	13.0
6.5	31.5	68.5	7.7	89.5	10.5
6.6	37.5	62.5	7.8	91.5	8.5
6.7	43.5	56.5	7.9	93.0	7.0
6.8	49.5	51.0	8.0	94.7	5.3
6.9	55.0	45.0			

注:$Na_2HPO_4 \cdot 2H_2O$ 相对分子质量=178.05,0.2 mol/L 溶液为 35.61 g/L。$Na_2HPO_4 \cdot 12H_2O$ 相对分子质量=358.22,0.2 mol/L 溶液为 71.64 g/L。$NaH_2PO_4 \cdot 2H_2O$ 相对分子质量=156.03,0.2 mol/L 溶液为 31.21 g/L。

(2) 磷酸氢二钠-磷酸二氢钾缓冲液(1/15 mol/L)

pH	1/15 mol/L Na_2HPO_4/mL	1/15 mol/L KH_2PO_4/mL	pH	1/15 mol/L Na_2HPO_4/mL	1/15 mol/L KH_2PO_4/mL
4.92	0.10	9.90	7.17	7.00	3.00
5.29	0.50	9.50	7.38	8.00	2.00
5.91	1.00	9.00	7.73	9.00	1.00
6.24	2.00	8.00	8.04	9.50	0.50
6.47	3.00	7.00	8.34	9.75	0.25
6.64	4.00	6.00	8.67	9.90	0.10
6.81	5.00	5.00	8.18	10.00	0
6.98	6.00	4.00			

注:$Na_2HPO_4 \cdot 2H_2O$ 相对分子质量=178.05,1/15 mol/L 溶液为 11.876 g/L。KH_2PO_4 相对分子质量=136.09,1/15 mol/L 溶液为 9.073 g/L。

8. 磷酸二氢钾-氢氧化钠缓冲液(0.05 mol/L)

X mL 0.2 mol/L K_2PO_4 + Y mL 0.2 mol/L NaOH 加水稀释至 20 mL。

pH(20 ℃)	X/mL	Y/mL	pH(20 ℃)	X/mL	Y/mL
5.8	5	0.372	7.0	5	2.963
6.0	5	0.570	7.2	5	3.500
6.2	5	0.860	7.4	5	3.950
6.4	5	1.260	7.6	5	4.280
6.6	5	1.780	7.8	5	4.520
6.8	5	2.365	8.0	5	4.680

9. 巴比妥钠-盐酸缓冲液（18 ℃）

pH	0.04 mol/L 巴比妥钠溶液/mL	0.2 mol/L 盐酸/mL	pH	0.04 mol/L 巴比妥钠溶液/mL	0.2 mol/L 盐酸/mL
6.8	100	18.4	8.4	100	5.21
7.0	100	17.8	8.6	100	3.82
7.2	100	16.7	8.8	100	2.52
7.4	100	15.3	9.0	100	1.65
7.6	100	13.4	9.2	100	1.13
7.8	100	11.47	9.4	100	0.70
8.0	100	9.39	9.6	100	0.35
8.2	100	7.21			

注：巴比妥钠相对分子质量=206.18，0.04 mol/L 溶液为 8.25 g/L。

10. Tris-盐酸缓冲液（0.05 mol/L，25 ℃）

50 mL 0.1 mol/L Tris 溶液与 X mL 0.1 mol/L 盐酸混匀后，加水稀释至 100 mL。

pH	X/mL	pH	X/mL
7.10	45.7	8.10	26.2
7.20	44.7	8.20	22.9
7.30	43.4	8.30	19.9
7.40	42.0	8.40	17.2
7.50	40.3	8.50	14.7
7.60	38.5	8.60	12.4
7.70	36.6	8.70	10.3
7.80	34.5	8.80	8.5
7.90	32.0	8.90	7.0
8.00	29.2		

注：Tris 相对分子质量=121.14，0.1 mol/L 溶液为 12.114 g/L。Tris 溶液可从空气中吸收二氧化碳，使用时注意将瓶盖严。

11. 硼砂-硼酸缓冲液（0.2 mol/L 硼酸根）

pH	0.05 mol/L 硼砂/mL	0.2 mol/L 硼酸/mL	pH	0.05 mol/L 硼砂/mL	0.2 mol/L 硼酸/mL
7.4	1.0	9.0	8.2	3.5	6.5
7.6	1.5	8.5	8.4	4.5	5.5
7.8	2.0	8.0	8.7	6.0	4.0
8.0	3.0	7.0	9.0	8.0	2.0

注：硼砂（$Na_2B_4O_7 \cdot H_2O$）相对分子质量=381.43，0.05 mol/L 溶液（0.2 mol/L 硼酸根）含 19.07 g/L。硼酸（H_2BO_3）相对分子质量=61.84，0.2 mol/L 溶液为 12.37 g/L。硼砂易失去结晶水，必须在带塞的瓶中保存。

12. 甘氨酸-氢氧化钠缓冲液（0.05 mol/L）

X mL 0.2 mol/L 甘氨酸＋*Y* mL 0.2 mol/L NaOH，加水稀释至 200 mL。

pH	*X*/mL	*Y*/mL	pH	*X*/mL	*Y*/mL
8.6	50	4.0	9.6	50	22.4
8.8	50	6.0	9.8	50	27.2
9.0	50	8.8	10.0	50	32.0
9.2	50	12.0	10.4	50	38.6
9.4	50	16.8	10.6	50	45.5

注：甘氨酸相对分子质量＝75.07，0.2 mol/L 溶液含 15.01 g/L。

13. 硼砂-氢氧化钠缓冲液（0.05 mol/L 硼酸根）

X mL 0.05 mol/L 硼砂＋*Y* mL 0.2 mol/L NaOH，加水稀释至 200 mL。

pH	*X*/mL	*Y*/mL	pH	*X*/mL	*Y*/mL
9.3	50	6.0	9.8	50	34.0
9.4	50	11.0	10.0	50	43.0
9.6	50	23.0	10.1	50	46.0

注：硼砂（$Na_2B_4O_7 \cdot 10H_2O$）相对分子质量＝381.43，0.05 mol/L 溶液为 19.07 g/L。

14. 碳酸钠-碳酸氢钠缓冲液（0.1 mol/L）

Ca^{2+}、Mg^{2+}存在时不得使用。

pH		0.1 mol/L Na_2CO_3/mL	0.1 mol/L $NaHCO_3$/mL
20 ℃	37 ℃		
9.16	8.77	1	9
9.40	9.12	2	8
9.51	9.40	3	7
9.78	9.50	4	6
9.90	9.72	5	5
10.14	9.90	6	4
10.28	10.08	7	3
10.53	10.28	8	2
10.83	10.57	9	1

注：$Na_2CO_2 \cdot 10H_2O$ 相对分子质量＝286.2，0.1 mol/L 溶液为 28.62 g/L。$NaHCO_3$ 相对分子质量＝84.0，0.1 mol/L溶液为 8.40 g/L。

15. PBS 缓冲液

试剂	pH			
	7.6	7.4	7.2	7.0
NaCl/g	8.5	8.5	8.5	8.5
Na_2HPO_4/g	2.2	2.2	2.2	2.2
NaH_2PO_4/g	0.1	0.2	0.3	0.4
H_2O/mL	定容至 1 000	定容至 1 000	定容至 1 000	定容至 1 000

附录2　实验室安全及防护知识

在生物化学实验室中，实验人员经常使用毒性很强、有腐蚀性、易燃烧和具有爆炸性的化学药品，常常使用易碎的玻璃器皿和瓷质器皿以及在气、水、电等高温高热设备的环境下进行紧张而细致的工作。因此，必须要十分重视安全工作。

① 进入实验室区域工作，必须穿好工作服。不得穿无袖衫、短裤、裙子、拖鞋以及暴露脚背、脚跟的鞋子。

② 实验室中有的生化药品具有毒性，不得违反操作规程，不得将食物带进实验室。

③ 使用电器设备（如烘箱、恒温水浴锅、离心机、电炉等）时，严防触电；绝不可用湿手或在眼睛旁视时开关电闸和电器开关。

④ 使用浓酸、浓碱时，必须极为小心地操作，防止溅出。用移液管量取这些试剂时，必须使用洗耳球，绝对不能用口吸取。若不慎将这类试剂溅在实验台上或地面上时，必须及时用湿抹布擦洗干净。如果触及皮肤应立即治疗。

⑤ 毒物应按实验室的规定办理审批手续后领取，使用时严格操作，用后妥善处理。

⑥ 所有剧毒、有毒物品的废物、废液，不能直接倒在水槽中，应收集在特设的桶内，专门处理或消毒解体。

⑦ 不得用手直接摸拿化学药品，不得用口尝方法鉴别物质，不得直接正面嗅闻化学气味。

⑧ 在监测时或在紫外光下长时间用裸眼观察物体时，应根据实验要求戴护目镜，避免化学药品特别是强酸、强碱、玻璃屑等异物进入眼内。

⑨ 在处理具有刺激性的、恶臭的和有毒的化学药品时，必须在通风橱中进行，避免吸入药品和溶剂蒸气。

⑩ 采集有毒、有腐蚀性、有刺激性样品时，必须戴好防护用具和防毒面罩。

⑪ 实验结束后关闭仪器开关，切断电源，避免设备或用电器具通电时间过长、温度过高而引起着火；离开实验室时，一定要将室内检查一遍，应将水龙头、气的阀门关好，切断电源，门窗锁好。

附录 3 实验场地警告标志

一、实验室常用的警告标志

图示	意义	建议场所
	生物危害 当心感染	门、离心机、安全柜等
	当心毒物	试剂柜、有毒物品操作处
	小心腐蚀	试剂室、配液室、洗涤室
	当心激光	有激光设备或激光仪器的场所，或激光源区域
	当心气瓶	气瓶放置处
	当心化学灼伤	具有腐蚀性化学物质存放和使用处
	当心玻璃危险	玻璃器皿存放、使用和处理处
	当心锐器	锐器存放、使用处
	当心高温	热源处
	当心冻伤	液氮罐、超低温冰柜和冷库
	当心电离辐射 当心放射线	辐射源处、放射源处

（续）

图示	意义	建议场所
当心滑跌 Caution.slip	当心滑倒	
危险 DANGER 高温 HOT	高温	
危险 DANGER 易燃 FLAMMABLE	易燃	易燃易爆试剂存放场所
危险 DANGER 有害废弃物 HAZARDOUS WASTE	有害废弃物	
危险 DANGER 高压危险 HIGH VOLTAGE	高压危险	高压电器

二、实验室常用的禁止不安全行为的图形标志

图示	意义	建议场所
	禁止入内	可引起职业病危害的作业场所入口处或泄险区周边，如可能产生生物危害的设备故障时，维护、检修存在生物危害的设备、设施时，根据现场实际情况设置
	禁止吸烟	实验室区域
	禁止明火	易燃、易爆物品存放处
	禁止用嘴吸液	实验室操作区
	禁止吸烟、饮水和进食	实验区域

（续）

图示	意义	建议场所
	禁止饮用	用于标志不可饮用的水源、水龙头等处
	禁止存放食物和饮料	用于实验室内冰箱、橱柜、抽屉等处
	禁止宠物入内	工作区域
	非工作人员禁止入内	工作区域
	儿童禁止入内	实验室区域

三、指令标志

指令标志是强制人们必须做出某种动作或采用防范措施的图形标志。指令标志的基本样式是圆形边框。

图示	意义	建议场所
	必须穿实验工作服	实验室操作区域
	必须戴防护手套	易对手部造成伤害或感染的作业场所，如具有腐蚀、污染、灼烫及冰冻危险的地点
	必须戴护目镜 必须进行眼部防护	有液体喷溅的场所
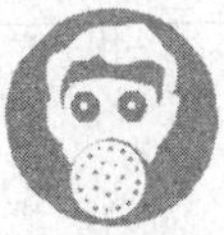	必须戴防毒面具 必须进行呼吸器官防护	具有对人体有毒有害的气体、气溶胶等作业场所
	戴面罩	需要面部防护的操作区域

（续）

图示	意义	建议场所
	必须穿防护服	生物安全实验室核心区入口处
	本水池仅供洗手用	专用水池旁边
	必须加锁	冰柜、冰箱、样品柜以及有毒有害、易燃易爆物品存放处

四、提示标志

提示标志是向人们提供某种信息（如标明安全设施或场所等）的图形标志。提示标志的基本样式是正方形边框。

图示	意义	建议场所
	紧急洗眼	洗眼器旁
	紧急出口	紧急出口处
	左行	通道墙壁
 出口	左行方向组合标志	通道墙壁
	右行	通道墙壁
 出口	右行方向组合标志	通道墙壁
	直行	通道墙壁

（续）

图示	意义	建议场所
	直行方向指示组合标志	通道墙壁
	通道方向	通道墙壁
	安全出口	通道墙壁
	安全楼梯	通道墙壁
	灭火器	消防器存放处
	火警电话	

参 考 文 献

奥斯伯，布伦特，金斯顿，等，1998. 精编分子生物学实验指南 [M]. 北京：科学出版社.
蔡慧珍，2012. 枸杞多糖对人胰岛素抵抗及血脂的干预作用及其机制 [D]. 南京：东南大学.
陈钧辉，陶力，李俊，等，2003. 生物化学实验 [M]. 3版. 北京：科学出版社.
陈鹏，郭蔼光，2018. 生物化学实验技术 [M]. 2版. 北京：高等教育出版社.
陈毓荃，2002. 生物化学实验方法和技术 [M]. 北京：科学出版社.
崔楠，2012. 粉煤灰改良盐碱土壤理化性状及对植物生理性状影响研究 [D]. 北京：北京工业大学.
董群，郑丽伊，1996. 苯酚-硫酸法测定多糖和寡糖含量的研究 [J]. 中国药学杂志，31 (9)：530－532.
杜潇，2016. 小菜蛾中肠 *Polycalin* 基因克隆及其功能分析 [D]. 杨凌：西北农林科技大学.
方奇林，丁宵霖，2004. 碱法分离大米蛋白质和淀粉的工艺研究 [J]. 粮食与饲料工业，12：22－24.
方彦，孙万仓，武军艳，等，2018. 北方白菜型冬油菜的膜脂脂肪酸组分和 ATPase 活性对温度的响应[J]. 作物学报，44 (1)：95－104.
苟琳，单志，2015. 生物化学实验 [M]. 2版. 成都：西南交通大学出版社.
何开跃，李关荣，2013. 生物化学实验（双语）[M]. 北京：科学出版社.
胡晓倩，钟长明，陈来同，2011. 离子交换层析分离核苷酸的实验方法 [J]. 实验技术与管理，28 (3)：32－35.
黄如彬，丁昌玉，林厚怡，1995. 生物化学实验教程 [M]. 北京：世界图书出版社.
黄晓兰，李科德，陈云华，2000. 15种核酸水解产物的高效液相色谱分离及其在酵母抽提物分析中的应用 [J]. 分析化学，28 (12)：1504－1507.
李钧敏，2010. 分子生物学实验 [M]. 杭州：浙江大学出版社.
刘卫群，陈建新，吴鸣建，2000. 基础生物化学 [M]. 北京：气象出版社.
刘粤梅，朱怀荣，1997. 生物化学实验教程 [M]. 北京：人民卫生出版社.
刘志国，2014. 生物化学实验 [M]. 2版. 武汉：华中科技大学出版社.
卢娟，2011. 拮抗香蕉枯萎病菌的 LXI 菌株的分离鉴定及共抑菌蛋白的分离纯化与该基因的克隆 [D]. 海口：海南大学.
齐凌云，殷俐娜，张梅娟，等，2017. 小麦苗期叶片膜脂组成对低氮胁迫的响应及其与耐低氮的关系 [J]. 植物生理学报，53 (6)：1039－1050.
萨姆布鲁克，格林，2017. 分子克隆实验指南 [M]. 4版. 陈薇，杨晓明，等译. 北京：科学出版社.
王哲理，2013. 寡肽接头分子生物催化合成的研究 [D]. 济南：齐鲁工业大学.
韦平和，2003. 生物化学实验与指导 [M]. 北京：中国医药科技出版社.
吴学军，谢能咏，刘勇，1999. 薄层层析法分离六种氨基酸 [J]. 江汉大学学报，16：11－13.
肖林平，徐正军，何明芳，等，2003. NH－1分离5′-核苷酸的研究 [J]. 离子交换与吸附，19(5)：430－436.
袁平海，张国文，2007. 生物化学品生产技术 [M]. 南昌：江西科学技术出版社.
袁玉荪，朱婉华，陈钧辉，1988. 生物化学实验 [M]. 北京：高等教育出版社.
张龙翔，张庭芳，李令媛，1997. 生化试验方法和技术 [M]. 2版. 北京：高等教育出版社.
周文晓，2011. 单核苷酸的制备及分离 [D]. 济南：山东轻工业学院.